职业教育计算机网络技术专业创新型系列教材

网络操作系统
Windows Server 2019

主 编　黄宇宪　黄超强

副主编

刘　猛　张文库

罗燕珊　潘梓洪

科学出版社

北京

内 容 简 介

本书内容紧扣职业教育技能大纲，理论与实践相结合，以微软公司服务器操作系统 Windows Server 2019 为例，贯穿任务驱动的教学改革思想，注重场景设计，由浅入深，系统、全面地介绍了网络服务部署、配置与管理的技术方法。

本书内容包括 11 个项目：VMware Workstation 14 的应用、安装 Windows Server 2019、熟悉 Windows Server 2019 环境、计算机管理、安全管理、安装与管理活动目录 、安装与管理 DNS、IIS 网站的架设与管理、FTP 站点架设、DHCP 的配置与管理及网络高级设置等。每个项目都有一个情景故事，通过情景故事的描述，让读者更容易了解技能的应用场景。每个项目被划分为若干个需要掌握的任务，以任务融会贯通知识点，任务后面的拓展提高和项目后面的项目实训，都是对读者知识掌握程度的考验和再提高。

本书内容丰富，注重系统性、实践性和可操作性，每个任务都有相应的操作示范，便于读者快速上手。本书既可作为职业院校计算机应用专业和网络技术专业的教材，也可作为网络管理和维护人员的参考书。

图书在版编目(CIP)数据

网络操作系统 Windows Server 2019/黄宇宪，黄超强主编. —北京：科学出版社，2021.6

ISBN 978-7-03-067641-2

I. ①网⋯ II. ①黄⋯ ②黄⋯ III. ①Windows 操作系统-网络服务器 IV. ①TP316.86

中国版本图书馆 CIP 数据核字（2020）第 270250 号

责任编辑：陈砺川 赵玉莲 / 责任校对：王万红
责任印制：吕春珉 / 封面设计：东方人华设计部

科学出版社 出版
北京东黄城根北街 16 号
邮政编码：100717
http://www.sciencep.com

天津市新科印刷有限公司 印刷
科学出版社发行   各地新华书店经销
*

2021 年 6 月第 一 版   开本：787×1092 1/16
2023 年 1 月第三次印刷   印张：20 3/4
字数：478 000

定价：56.00 元

（如有印装质量问题，我社负责调换〈新科〉）
销售部电话 010-62136230 编辑部电话 010-62135397-1028

序

当今世界，以信息技术为代表的科技创新日新月异，深刻改变着人类社会的生产生活形态。信息技术的飞速发展，特别是互联网、大数据、物联网和人工智能等新一代信息技术与人类生产、生活深度交汇融合，催生出现实空间与虚拟空间并存的信息社会，构建出智慧社会的发展前景。信息技术的应用已融入社会的各个领域，智能制造、智慧农业、电子商务、网络教学、数字娱乐、在线办公等，新技术、新应用、新业态不断涌现，并引发新一轮的人才供需热潮。信息技术已成为支持经济社会转型发展的主要驱动力，是建设创新型国家、制造强国、网络强国、数字中国、智慧社会的基础支撑。

职业教育作为一种类型教育，为我国经济社会发展提供着重要的人才和智力支撑。随着我国进入新的发展阶段，产业升级和经济结构调整不断加快，各行各业对技术技能人才的需求越来越紧迫，职业教育的重要地位和作用越来越凸显。随着产业的转型升级和技术的更新迭代，技术技能人才培养定位也在不断调整，引领着职业教育专业及课程的教学内容与教学方法变革，推动其不断推陈出新、与时俱进。

最近几年人力资源和社会保障部新发布、公示和调整的职业工种，大部分与信息技术相关联，6成以上的新求职者希望从事与信息技术相关的工作，大多数企业在新招录员工时要求入职者应具有信息技术专业能力。这些与信息技术相关联的新工程、新岗位，对职业院校信息技术相关专业及普及型应用人才的培养提出了新的要求。信息技术相关专业与课程的教学需要顺应时代要求，把握好技术发展的新态势和人才培养的新方向，推动教育教学改革与产业转型升级相衔接，突出"做中学、做中教"的职业教育特色，强化教育教学实践性和职业性，实现学以致用、用以促学、学用相长。

2021年，教育部颁布了《职业教育专业目录（2021年）》，构建起覆盖中等、专科、本科层次的职业教育的专业人才培养的顶层框架。"网络信息安全、移动应用技术与服务、大数据技术应用、物联网技术应用、服务机器人装调与维护"等一批新的中职专业列入专业目录中。

全国工业和信息化职业教育教学指导委员会随之启动了相关专业的教学标准研发编制工作。与此同时,一大批"1+X"职业技能等级标准陆续颁布,为职业院校信息技术应用人才的培养提供了标准和依据。

为落实国家职业教育改革的要求,使国内优秀职业院校积累的宝贵经验得以推广,科学出版社组织编写了本套信息技术类专业创新型系列教材,并陆续出版发行。

本套教材建设团队以落实"立德树人"为根本任务,依据教育部提出的深化"教师、教材、教法"改革,以真实生产项目、典型工作任务及案例等为载体组织教学单元,开发体现产业发展的新技术、新工艺、新规范、新标准的高质量教材;在教材中广泛运用启发式、探究式、讨论式、参与式等教学方法,推广翻转课堂、混合式教学、理实一体教学等新型教学模式,推动课堂教学改革;兼顾职业教育"就业和发展"人才培养定位,在教学体系的建立、

课程标准的落实、典型工作任务或教学案例的筛选,以及教材内容、结构设计与素材配套等方面,均进行了精心设计。本套教材的编写,倾注了数十所国家示范学校一线教师的心血,他们将基层学校教学改革成果、经验、收获转化到教材的编写内容和呈现形式之中,为教材提供了丰富的内容素材和鲜活的教学活动案例。

本套创新教材集中体现了以下特点。

1. 体现立德树人,培育职业精神。教材编写以习近平新时代中国特色社会主义思想为指导,贯彻全国职教大会精神,将培育和践行社会主义核心价值观融入教材知识内容和设计的活动之中,充分发挥课程的德育功能,推动课程与思政形成协同效应,有机融入职业道德、劳动精神、劳模精神、工匠精神教育,培育学生职业精神。

2. 体现校企合作,强调就业导向。注重校企合作成果的收集和使用,将企业的生产模式、活动形态和岗位要求整合到教材内容与编写体例之中,对接最新技术要求、工艺流程、岗位规范,有机融入"1+X"证书等内容,以此推动校企合作育人,创新人才培养模式,构建复合型技术技能人才培养模式,提升学生职业技能水平,拓展学生就业创业本领。

3. 体现项目引领,实施任务驱动。将职业岗位典型工作任务进行拆分,整合课程专业基础知识与技能要求,转化为教材中的活动项目与教学任务。以项目活动引领知识、技能学习,通过典型的教学任务学习与实施,学生可获得职业岗位所要求的综合职业能力,并在活动中体验成就感。

4. 体现内容实用,突出能力养成。本套教材根据信息技术的最新发展应用,以任务描述、知识呈现、实施过程、任务评价以及总结与思考等内容作为教材的编写结构,并安排有拓展任务与关联知识点的

学习。整个教学过程与任务评价等均突出职业能力的培养，以"做中学，做中教""理论与实践一体化教学"作为体现教材辅学、辅教特征的基本形态。

5. 体现资源多元，呈现形态多样。信息化教学深刻地改变着教学观念与教学方法。基于教材和配套教学资源对改变教学方式的重要意义，科学出版社开发了网站，为此次出版的教材提供了丰富的数字资源，包括教学视频、音频、电子教案、教学课件、素材图片、动画效果、习题或实训操作过程等多媒体内容。读者可通过登录出版社提供的网站 www.abook.cn 下载并使用资源，或通过扫描书中提供的二维码，打开资源观看。依据课程及资源的性质不同，这两种资源的使用形式均可能出现。提供的丰富的资源，不仅方便了教师教学，也能帮助学生学习，可以辅助学校完成翻转课堂的教学活动。

6. 体现以学生为本，符合职业教育特点。本套教材以培养学生的职业能力和可持续性发展为宗旨，体例设计与内容的表现形式充分考虑到职业学校学生的身心发展规律，案例难易程度适中，重点突出，体例新颖，版式活泼，便于阅读。

本套教材的开发受限于时间、作者能力等因素，还有很多不足之处，敬请各位专家、老师和广大读者不吝赐教。希望本系列教材的出版能进一步助推优秀教学改革成果的呈现，为我国职业教育信息技术应用人才的培养和教学改革的探索创新做出贡献。

全国工业和信息化职业教育教学指导委员会
计算机职业教育教学指导分委员会　委员

前　言

目前最常见的操作系统是微软公司的 Windows 系列操作系统。随着技术和应用的发展，Windows 操作系统也不断地推陈出新。2018 年 11 月，Windows Server 2019 正式发布，与以往的操作系统相比，该版本有很多创新，功能有了很大的提高，管理和应用则更加简单。

本书以目前最为流行的微软公司的网络操作系统 Windows Server 2019 为应用背景，以培养网络技术人才为出发点，从实际的教学出发，特别介绍了虚拟机软件环境下的使用及配置方法，面向初学者，从入门开始，以网络管理为中心，让读者学完本书后能构建各种类型的网络环境，并熟悉各种典型网络服务的配置与管理。

全书分为 11 个项目，项目 1 是 VMware Workstation 14 的应用；项目 2 是安装 Windows Server 2019；项目 3 是熟悉 Windows Server 2019 环境；项目 4 是计算机管理；项目 5 是安全管理；项目 6 是安装与管理活动目录；项目 7 是安装与管理 DNS；项目 8 是 IIS 网站的架设与管理；项目 9 是 FTP 站点架设；项目 10 是 DHCP 的配置与管理；项目 11 是网络高级设置。本书建议学时为 80 个课时。

教材特点

本书在编写的过程中，紧紧围绕"培养什么人、怎样培养人、为谁培养人"这一教育根本问题，全面落实立德树人根本任务，强化学生素质教育，不断提升育人效果；坚持科技是第一生产力、人才是第一资源、创新是第一动力的思想理念，使学生建立加快推进科技自立自强的信念，努力培养造就卓越工程师、大国工匠、高技能人才。

本书的编者包括从事 Windows 有关教学工作的一线老师、从事园区网和企业网项目训练的金牌教练、计算机网络专业教师以及企业工程技术人员等，具有丰富的 Windows 训练、教学和培训经验，编者借此书与广大读者分享他们的成果，以及他们在训练、教学过程中的经验。

本书采用了任务方式进行编写，把每个项目划分为若干个需要掌握的任务，以任务带动知识点的学习，并以任务融会贯通知识点，避免了传统教学方式存在的不足。在讲解知识点时，不仅有相应的文字描述，还以图文的形式展示、解说知识点，让读者能够在通俗易懂的图文解说中轻松地学到更多的知识。本书项目和知识点的安排充分地注意到保证知识点的相对完整性、系统性和连贯性,不仅适合作为职业院校技能培训和技能训练教材,也适合作为计算机网络专业实训教材。

本书定位

➢ Windows Server 2019 基础教程。
➢ 职业技能培训实用教学用书。
➢ 引导网络服务器搭建者轻松地掌握 Windows Server 2019 服务器搭建技能的自学用书。

读者范围

➢ 高等职业院校的教师和学生。
➢ 中职、中专的教师和学生。
➢ 搭建 Windows Server 2019 的广大爱好者。

雄厚师资力量

本书的编写得到了广东省电子信息技术专业指导委员会副主任史宪美的指导与支持。本书由黄宇宪和黄超强担任主编,编写成员及其获得的部分荣誉如下。

➢ 黄宇宪:主编,编写项目 9。2008 年全国职业院校技能大赛园区网一等奖教练,2009 年全国职业院校技能大赛园区网二等奖教练,2012 年全国职业院校技能大赛机器人一等奖教练,有多本教材主编经验。
➢ 黄超强:主编,编写项目 6。2011 年、2012 年和 2015 年全国职业院校技能大赛企业网二等奖教练。
➢ 刘猛:副主编,编写项目 3。全国职业院校技能大赛网络空间安全 2019 年二等奖教练和 2018 年三等奖教练。
➢ 张文库:副主编,编写项目 7。2009 年全国职业院校技能大赛企业网一等奖教练,全国职业院校技能大赛网络提速及应用赛项专家组成员。
➢ 罗燕珊:副主编,编写项目 1。2016 年获得全国"创新杯"说课比赛一等奖,2019 年获得广东省"创新杯"说课比赛一等奖。
➢ 潘梓洪:副主编,编写项目 2。2008 年全国职业院校技能大赛园区网一等奖获得者,2009 年全国职业院校技能大赛园区网二等奖获得者。
➢ 赵军:编写项目 4。2017 年全国职业院校技能大赛网络空间安全一等奖教练,2016 年全国职业院校信息技术技能大赛网络信息安全二等奖教练。
➢ 朱辉强:编写项目 5。2019 年全国职业院校技能大赛智能家居安装与维护三等奖教练,2017 年广东省教师信息化大赛一等奖。
➢ 王浩:编写项目 8。2012 年北京市中等职业学校学生技能比赛首席指导教师,2017 年北京市优秀教师、北京市职教名师,2018 年北京市骨干教师。2009~2018 年 6 次获得全国职业院校技能大赛中职组网络搭建与应用赛项一等奖教练。

> ➤ 黄国平：编写项目 10。2012 年全国职业院校技能大赛企业网搭建及应用二等奖教练，2015 年全国职业院校技能大赛网络综合布线二等奖教练。
> ➤ 李清华：编写项目 11。2015 年指导学生获得全国职业院校技能大赛网络信息安全一等奖，2016 年指导学生获得全国职业院校技能大赛网络搭建与应用比赛一等奖。

由于作者能力有限，时间仓促，错漏之处在所难免，请广大读者批评指正。

特别鸣谢

真挚感谢佛山市顺德区胡锦超职业技术学校史宪美副校长和科学出版社陈砺川老师为本书的编写工作提供大力支持和细心指导，感谢各位参编人员牺牲宝贵休息时间认真地参与书稿编写。

编　者

目　录

项目 1　VMware Workstation 14 的应用　1

任务 1.1　安装 VMware ················· 2
任务 1.2　建立虚拟机 ················· 5
项目实训 ······················ 11
项目评价 ······················ 11

项目 2　安装 Windows Server 2019　13

任务 2.1　设置 VMware ················· 14
任务 2.2　安装 Windows Server 2019 ·········· 16
任务 2.3　启动 Windows Server 2019 ·········· 21
项目实训 ······················ 23
项目评价 ······················ 24

项目 3　熟悉 Windows Server 2019 环境　25

任务 3.1　显示设置 ················· 26
任务 3.2　配置 Windows Server 2019 网络 ········ 32
任务 3.3　其他常用配置 ················· 40
项目实训 ······················ 47
项目评价 ······················ 48

项目 4　计算机管理　49

任务 4.1　磁盘管理 ················· 51
任务 4.2　用户和组的管理 ················· 70
任务 4.3　共享管理 ················· 78
任务 4.4　打印机管理 ················· 89

任务 4.5　硬件设备管理 ··· 95
任务 4.6　MMC 管理 ·· 99
项目实训 ·· 103
项目评价 ·· 105

项目5　安全管理 107

任务 5.1　组策略 ·· 108
任务 5.2　防火墙 ·· 117
任务 5.3　NTFS 权限 ··· 121
任务 5.4　磁盘配额 ··· 127
任务 5.5　备份与恢复 ·· 130
项目实训 ·· 135
项目评价 ·· 135

项目6　安装与管理活动目录 137

任务 6.1　安装活动目录 ·· 139
任务 6.2　管理活动目录的组织单位和用户 ·· 148
任务 6.3　将 Windows 计算机加入域 ·· 154
任务 6.4　管理活动目录组账户 ··· 159
任务 6.5　利用组策略分发 QQ 软件 ··· 165
项目实训 ·· 171
项目评价 ·· 172

项目7　安装与管理 DNS 173

任务 7.1　安装 DNS ·· 174
任务 7.2　创建 DNS 区域 ·· 178
任务 7.3　DNS 设定 ··· 188
任务 7.4　DNS 客户端测试 ·· 195
项目实训 ·· 197
项目评价 ·· 197

项目8　IIS 网站的架设与管理 199

任务 8.1　安装与测试 IIS ·· 200
任务 8.2　添加 Web 站点 ·· 204

任务 8.3　设置 Web 站点虚拟目录和默认文档 ···················208

任务 8.4　建立端口不同、主机名不同的 Web 站点 ···········211

项目实训 ···217

项目评价 ···218

项目 9　FTP 站点架设　219

任务 9.1　安装 FTP 服务器 ···································220

任务 9.2　FTP 的基本设置 ···································233

任务 9.3　实际目标与虚拟目录 ·······························237

任务 9.4　隔离用户的 FTP 站点 ·······························240

任务 9.5　FTP 站点安全管理 ·································247

项目实训 ···250

项目评价 ···251

项目 10　DHCP 的配置与管理　253

任务 10.1　安装 DHCP 服务器 ·······························254

任务 10.2　新建 DHCP 作用域 ·······························258

任务 10.3　DHCP 客户端配置 ·······························265

任务 10.4　DHCP 配置选项 ···································268

项目实训 ···271

项目评价 ···271

项目 11　网络高级设置　273

任务 11.1　创建 SSL 网站证书 ·······························275

任务 11.2　设置路由器 ·······································293

任务 11.3　实现网络地址转换 ·······························300

任务 11.4　架设虚拟专用网络 VPN ···························308

项目实训 ···314

项目评价 ···314

参考文献　315

项目 1　VMware Workstation 14 的应用

情景故事

　　在学校工作的机房管理人员阿斌接到一个任务，学校将开设 Windows Server 2019 相关课程，而机房原来的操作系统是 Windows 7，并且安装了大量的教学软件，若机房全部更换为 Windows Server 2019 操作系统，这些教学软件需要全部重新安装，工作量极大，而且有些软件在 Windows Server 2019 环境下运行有问题。如何解决这些问题呢？阿斌咨询了学校的一名资深教师，决定先安装 VMware 虚拟软件，再安装 Windows Server 2019 操作系统。

　　下面让我们陪同阿斌从安装虚拟机开始，完成 Windows Server 2019 安装。网络工程师之路，就从虚拟机开始吧。

案例说明

　　本例所安装的虚拟机软件版本为 VMware-workstation-full-14.1.1-7528167，VMware 11.x、12.x、14.x 系列版本仅支持 Windows 7 或更高版本的 64 位系统，如果是 Windows XP 或 32 位系统，请使用 VMware 10.x 版本。

技能目标

- 安装虚拟机软件。
- 新建虚拟机，为安装操作系统做好准备工作。

任务 1.1 ┃ 安装 VMware

【任务目标】

安装虚拟机软件。在安装虚拟机软件之前，要想好软件安装在哪个目录、虚拟机存储在哪个目录，只有先规划好，才能事半功倍。

安装 VMware

【任务实现】

1）运行 VMware-workstation-full-14.1.1-7528167.exe 安装程序，首先会出现如图 1.1 所示的安装程序界面；安装向导界面如图 1.2 所示，单击"下一步"按钮继续安装。

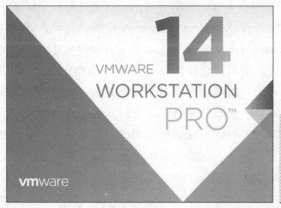

图 1.1

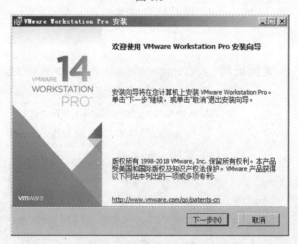

图 1.2

2）选中"我接受许可协议中的条款"复选框，如图 1.3 所示，单击"下一步"按钮继续。

3）"选择安装目标及任何其他功能"界面如图 1.4 所示。单击"更改"按钮可以设置安装目录，"增强型键盘驱动程序"选项可以根据需要确定是否选择，单击"下一步"按钮继续。

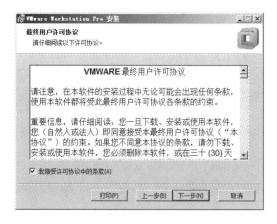
图 1.3

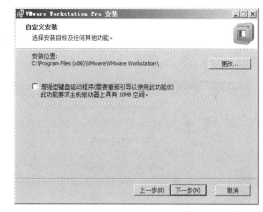
图 1.4

4）根据需要选择用户体验设置，如图 1.5 所示，单击"下一步"按钮继续。

5）"选择您要放入系统的快捷方式"界面如图 1.6 所示，单击"下一步"按钮继续。

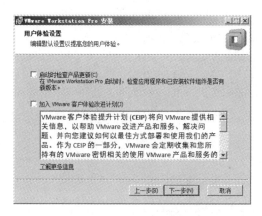
图 1.5

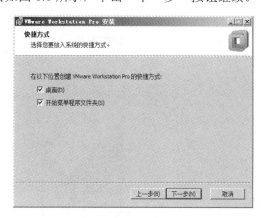
图 1.6

6）"已准备好安装 VMware Workstation Pro"界面如图 1.7 所示，单击"安装"按钮开始安装。

7）"正在安装 VMware Workstation Pro"界面如图 1.8 所示，显示安装状态。

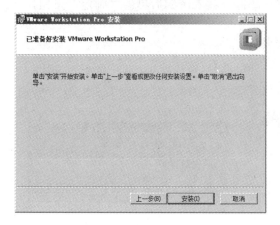
图 1.7

图 1.8

8）安装完成后界面如图 1.9 所示。单击"许可证"按钮（也可以单击"完成"按钮之后再运行软件），输入许可证密钥后单击"输入"按钮，如图 1.10 所示。最后单击"完成"按钮完成安装，如图 1.11 所示。

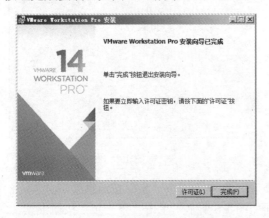

图 1.9

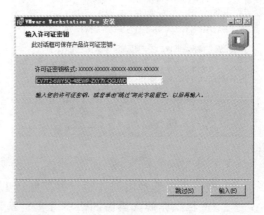

图 1.10

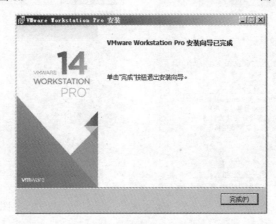

图 1.11

9）如果安装的时候没有输入许可证密钥，可以在启动 VMware Workstation 后选择"帮助"→"输入许可证密钥"命令，在打开的对话框中输入密钥后单击"确定"按钮，如图 1.12 和图 1.13 所示。

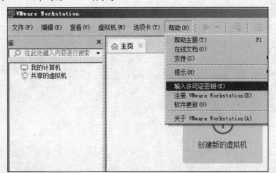

图 1.12

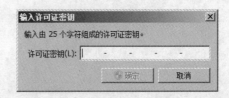

图 1.13

任务 1.2 建立虚拟机

【任务目标】

虚拟机创建好之后是一台"裸机"，必须安装操作系统才能正常使用。VMware Workstation 能够简便地在台式机或笔记本电脑上创建和运行多个虚拟机，每个虚拟机都呈现为一台完整的 PC，包括处理器、内存、网络连接和外设端口。本任务就是建立虚拟机，设置好虚拟机的处理器、内存、网络连接和外设端口，为项目 2 安装 Windows Server 2019 打下基础。

建立虚拟机

【任务实现】

1）选择"开始"→"所有程序"→VMware→VMware Workstation Pro 命令，运行程序，在主页中单击"创建新的虚拟机"按钮进入创建新的虚拟机向导，也可以选择菜单栏中的"文件"→"新建虚拟机"命令来创建新的虚拟机，如图 1.14 所示。

图 1.14

2）新建虚拟机向导有两个选项，一个是"典型（推荐）"配置模式，一个是"自定义（高级）"配置模式。如果没有特殊要求，使用"典型（推荐）"配置模式即可。但由于安装的 Windows Server 2019 较新，"典型（推荐）"配置模式没有对应的 Windows Server 2019 版本，所以这里选择"自定义（高级）"配置模式，如图 1.15 所示。单击"下一步"按钮配置虚拟机。

3）选择虚拟机硬件兼容性，按默认设置即可，如图 1.16 所示，单击"下一步"按钮继续配置。

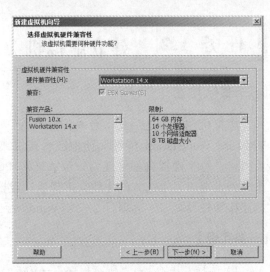

图 1.15 图 1.16

4）选中"稍后安装操作系统"单选按钮，如图 1.17 所示，设置完毕后单击"下一步"按钮继续配置。

5）设置"客户机操作系统"为"其他"，"版本"为"其他 64 位"，如图 1.18 所示，单击"下一步"按钮继续配置。

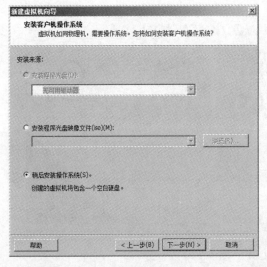

图 1.17 图 1.18

6）配置虚拟机名称和虚拟机安装位置，虚拟机名称可根据用户要求自定义，配置虚拟机安装位置时，要确保磁盘有足够的容量，如图 1.19 所示，单击"下一步"按钮继续配置。

7）根据实际情况为此虚拟机指定处理器数量，"处理器数量"一般是 1，"每个处理器的内核数量"也根据实际情况进行选择，如图 1.20 所示，设置完成后单击"下一步"按钮继续配置。

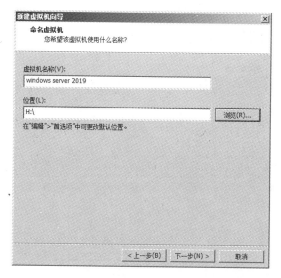

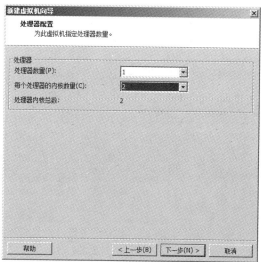

图 1.19   图 1.20

8）根据实际情况设置虚拟机的内存，如图 1.21 所示，单击"下一步"按钮继续配置。

9）选择网络类型，其中有 4 个选项，分别是"使用桥接网络""使用网络地址转换""使用仅主机模式网络""不使用网络连接"。一般没有特殊要求的用户选择"使用桥接网络"即可，设置完毕后单击"下一步"按钮继续配置，如图 1.22 所示。

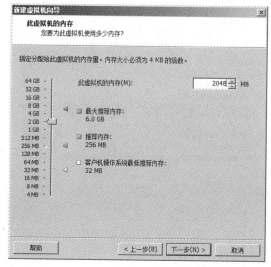

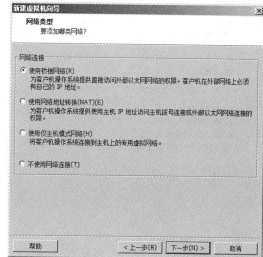

图 1.21   图 1.22

10）选择 I/O 控制器类型，默认设置即可，如图 1.23 所示，单击"下一步"按钮继续配置。

11）选择磁盘类型，默认设置即可，如图 1.24 所示，单击"下一步"按钮继续配置。

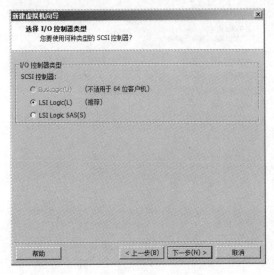 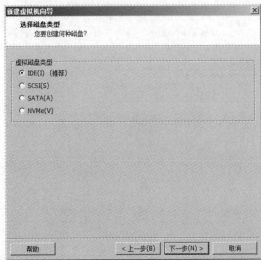

图 1.23   图 1.24

12）选中"创建新虚拟磁盘"单选按钮，如图 1.25 所示，单击"下一步"按钮继续配置。

13）根据需求设定磁盘容量大小，并使用默认设置"将虚拟磁盘存储为单个文件"，如图 1.26 所示，设置完毕后单击"下一步"按钮继续配置。

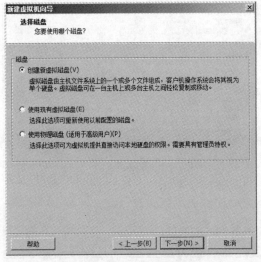 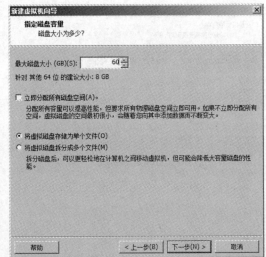

图 1.25   图 1.26

14）指定磁盘文件存储位置，如图 1.27 所示，单击"下一步"按钮继续配置。

15）已准备好创建虚拟机，单击"完成"按钮，虚拟机创建成功，如图 1.28 和图 1.29 所示。

图 1.27

图 1.28

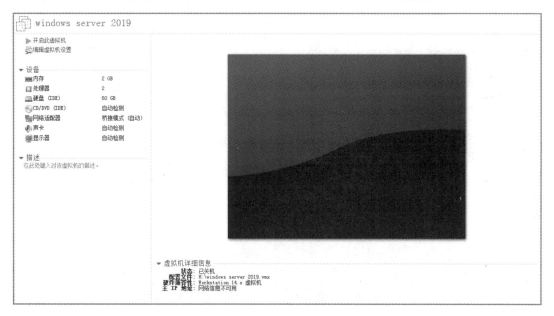

图 1.29

16）虚拟机创建好之后，可以单击"编辑虚拟机设置"按钮进行设置，如图 1.30 所示。

17）根据要求可以在"硬件"和"选项"选项卡下对相关参数进行设置，如图 1.31 和图 1.32 所示。例如，可以将"CD/DVD(IDE)"设置为"使用 ISO 映像文件"，并选择 Windows Server 2019 的安装镜像文件，为项目 2 安装 Windows Server 2019 做准备。

18）所有设置完成后，单击"开启此虚拟机"按钮，即可启动虚拟机进行系统安装，如图 1.33 所示。

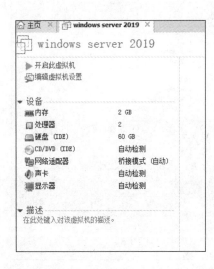

图 1.30   图 1.31

图 1.32   图 1.33

【相关知识】

1）文中所用的 VMware-workstation-full-14.1.1-7528167 可到官方网站下载，网址是 https://my.vmware.com/cn/web/vmware/info/slug/desktop_end_user_computing/vmware_workstation_pro/14_0。下载之前需要用户名和密码，可自行注册一个 My VMware 账户，也可以到其他地方搜索下载。

2）VMware Workstation Pro 可以简便地在台式机或笔记本电脑上创建和运行多个虚拟机，每个虚拟机都呈现为一台完整的 PC，包括处理器、内存、网络连接和外设端口等。

3）VMware 提供了 3 种网络工作模式，分别是 Bridged（桥接模式）、NAT（网络地址转换模式）和 Host-Only（仅主机模式）。

➢ Bridged（桥接模式）：将主机网卡与虚拟机虚拟的网卡利用虚拟网桥进行通信。在桥接的作用下，类似于把物理主机虚拟为一台交换机，所有桥接设置的虚拟机连接到这台交换机的一个接口上，物理主机也同样插在这台交换机当中，所以所有桥接下的网卡与网卡都是交换模式的，相互可以访问而不干扰。在桥接模式下，虚拟机 IP 地址需要与主机在同一个网段，如果需要联网，则网关与 DNS 需要与主机网卡一致。

➢ NAT（网络地址转换模式）：如果网络 IP 资源紧缺，但是又希望虚拟机能够联网，这时候 NAT 模式是最好的选择。NAT 模式借助虚拟 NAT 设备和虚拟 DHCP 服务器，使得虚拟机可以联网。

➢ Host-Only（仅主机模式）：其实就是 NAT 模式去除了虚拟 NAT 设备，然后使用 VMware Network Adapter VMnet1 虚拟网卡连接 VMnet1 虚拟交换机来与虚拟机通信。Host-Only 模式将虚拟机与外网隔开，使得虚拟机成为一个独立的系统，只与主机相互通信。

4）创建虚拟机是为项目 2 Windows Server 2019 的安装做准备，创建虚拟机一定要选择好客户机需要安装的操作系统。

项目实训

【实训说明】

完成本项目课程实训任务。

【实训要求】

1）在官方网站自行下载虚拟机软件，注意下载的版本号。在下载的过程当中，注册一个账户。

2）新建虚拟机，为安装操作系统做好准备。

3）会根据实际要求对虚拟机参数进行相关设置。

项目评价

1）完成虚拟机软件的下载。

2）完成虚拟机软件的安装。

3）建立虚拟机，对虚拟机参数进行相关设置。

读书笔记

项目 2　安装 Windows Server 2019

情景故事

　　阿斌安装好了虚拟机软件，新建了一台虚拟机，也准备好了 Windows Server 2019 映像文件，准备安装 Windows Server 2019 到虚拟机中。

　　让我们陪同阿斌，将 Windows Server 2019 安装到虚拟机中。

案例说明

　　本例是在虚拟机中安装 Windows Server 2019，因此在安装之前，需设置虚拟机，以保证顺利安装 Windows Server 2019，并流畅地运行。

技能目标

- 设置虚拟机，清除多余的硬件，保证顺利安装 Windows Server 2019。
- 在 VMware Workstation 下安装 Windows Server 2019。
- 第一次启动并使用 Windows Server 2019。

任务 2.1 | 设置 VMware

【任务目标】

VMware Workstation 创建好虚拟机后，需对虚拟机初始设置进行调整，检查虚拟机硬盘容量，调整虚拟机的内存大小、删除虚拟机多余的硬件，保证顺利安装 Windows Server 2019 和流畅运行 Windows Server 2019。

设置虚拟机，保证顺利安装 Windows Server 2019 和流畅运行 Windows Server 2019。

【任务实现】

虚拟机初始设置后，如图 2.1 所示，为了保证顺利安装和流畅运行 Windows Server 2019，需对相关硬件进行调整。

图 2.1

1. 检查本地硬盘容量

用户在选择安装虚拟系统目录时，注意先检查好本地硬盘分区大小，否则在安装虚拟系统过程中可能会出现空间不足而导致系统无法安装完成。由于选择的是 Windows Server 2019，硬盘至少要 32GB，默认 60GB，已经足够，当然也可以设置得大一点，由于虚拟机中的硬盘大小不可调整，可将硬盘删除，再增加一个硬盘。注意，创建虚拟机的硬盘时只要选择不立即分配空间，不管硬盘多大，实际使用的空间都是一样的。

2. 设置虚拟机内存大小

用户需要注意，在分配虚拟机内存时，应根据自己计算机的配置来分配，不宜过大也不宜过小。本任务中，计算机实际内存是 8GB，而要安装的 Windows Server 2019 最小内存为 1024MB，建议分配 2048MB 给虚拟机。设置的虚拟机初始内存是 1024MB，这里调整为 2048MB，如图 2.2 所示，但不能大于实际内存大小的 8GB。

图 2.2

3. 添加和删除虚拟机硬件

安装虚拟系统前，应该按照个人需求将所需的硬件添加或删除，在本例中，将软盘、USB 控制器、音频适配器删除。选择"虚拟机"→"设置"命令，删除以上 3 个设备，清除后的设备如图 2.3 所示。

4. 停止杀毒软件

安装前先停止所有实际操作系统上的杀毒软件，因为杀毒软件可能会干扰虚拟系统的安装，例如，它可能会因为扫描每一个文件，而让安装速度变得很慢。

5. 检查本地虚拟网卡

VMware Workstation 软件在安装完成后自动生成两张虚拟网卡，而这两张网卡分别使用在虚拟机里面，如果这两张网卡处于关闭状态，则可能会造成虚拟机网络不通。

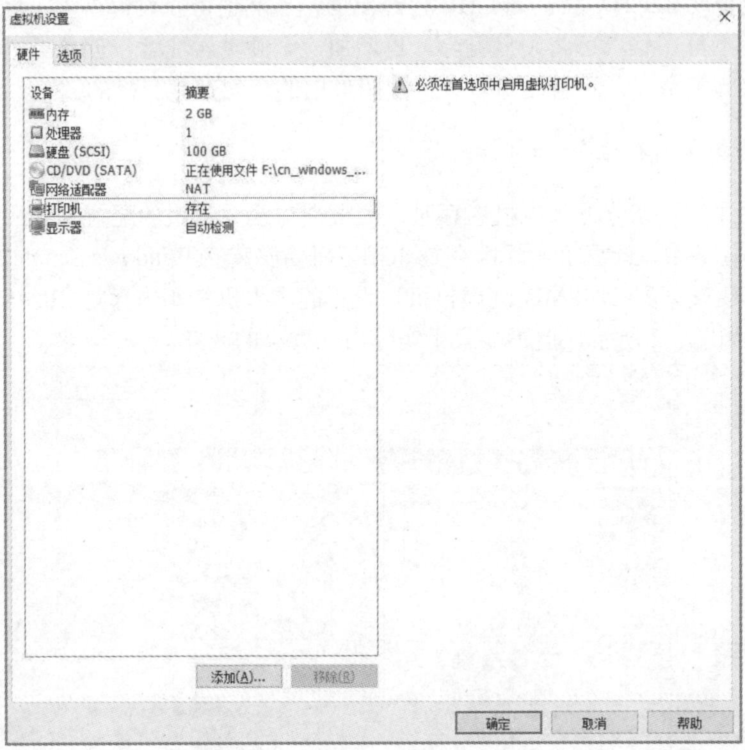

图 2.3

任务 2.2 | 安装 Windows Server 2019

安装 Windows
Server 2019

【任务目标】

在 VMware Workstation 14.1.1 下安装 Windows Server 2019。

【任务实现】

1）设置 CD-ROM，使用 Windows Server 2019 的光盘映像文件安装 Windows Server 2019，光盘镜像文件为 cn_windows_server_2019_updated_jan_2020_x64_ dvd_4bbe2c37.iso，可以自行在互联网上搜索下载。在图 2.4 中，选择 CD/DVD(SATA)选项，在对话框右边选中"使用 ISO 映像文件"单选按钮，单击"浏览"按钮，将硬盘中的 Windows Server 2019 的映像文件加载。

2）全部设定之后，如图 2.5 所示，单击"开启此虚拟机"按钮开始安装 Windows Server 2019。

图 2.4

图 2.5

3）如图 2.6 所示，直接单击"下一步"按钮继续安装。

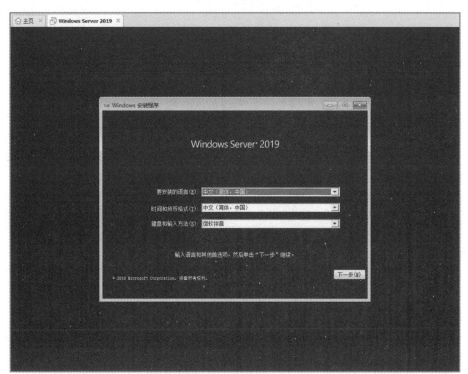

图 2.6

4）如图 2.7 所示，单击"现在安装"按钮继续安装。

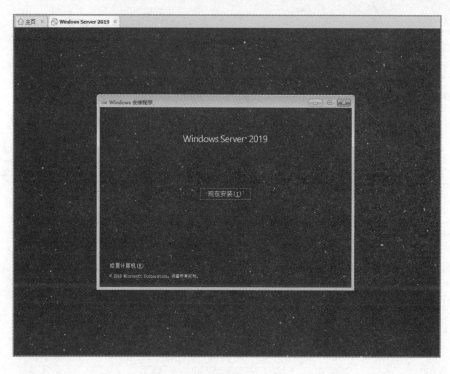

图 2.7

5）如图 2.8 所示，安装要求输入产品密钥，如果没有产品密钥，可选择底部的"我没有产品密钥"选项，直接进入下一步继续安装。

图 2.8

6）如图 2.9 所示，选择需要安装的 Windows Server 2019 版本，本映像包含的版本有标准版和数据中心版,用户应根据自己的需求选择对应版本,本实验选择"Windows Server 2019 Standard(桌面体验)"进行安装,选中后单击"下一步"按钮继续安装。

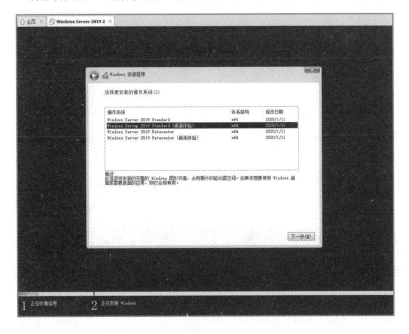

图 2.9

7)如图 2.10 所示,阅读软件许可条款后,选中"我接受许可条款"复选框,单击"下一步"按钮继续安装。

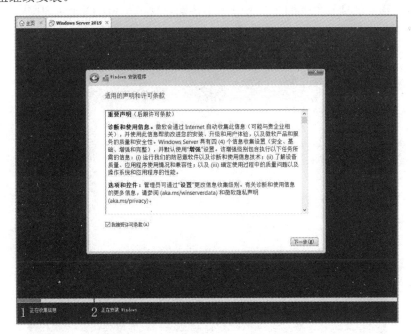

图 2.10

8)如图 2.11 所示,本次实验是在虚拟机上新建虚拟机来安装 Windows Server 2019 系统，所以不存在以往的 Windows 文件，所以此处选择"自定义：仅安装 Windows（高级）"
选项，继续安装。

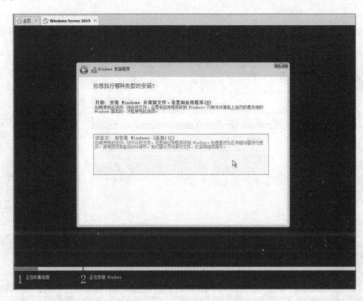

图 2.11

9）如图 2.12 所示，对系统进行磁盘分区，首先要创建一个主分区，用于存放 Windows Server 2019 的系统文件，本次实验分配了 50GB 大小作为主分区，在分配的过程中系统会自动分配 4 个不同大小的分区出来，用户无须理会自动分配出来的分区，也不能删除这些分区，因为这些分区都有重要的系统文件用于帮助运行 Windows Server 2019 系统，缺一不可。设置完成后选择"主分区"，单击"下一步"按钮继续安装。

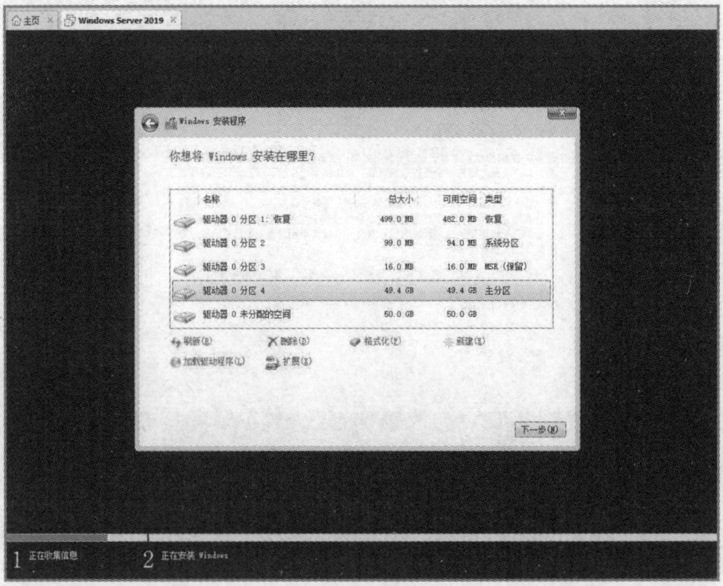

图 2.12

10）如图 2.13 所示，安装程序开始安装 Windows Server 2019。

图 2.13

任务 2.3 | 启动 Windows Server 2019

【任务目标】

安装 Windows Server 2019 之后，系统第一次启动与之后启动有些不同，要求重新设定管理员密码、设置初始配置任务等。本任务目标是完成重设密码和初始配置。

启动 Windows
Server 2019

【任务实现】

1）安装完成后，计算机将自动重启 Windows Server 2019 操作系统。第一次启动 Windows Server 2019 时，会自动以系统管理员账户 Administrator 登录系统，并要求创建 Administrator 的密码，如图 2.14 所示。设置完成后单击"完成"按钮即可。

2）如图 2.15 所示，需要按 Ctrl+Alt+Delete 组合键进行解锁并输入密码登录系统。

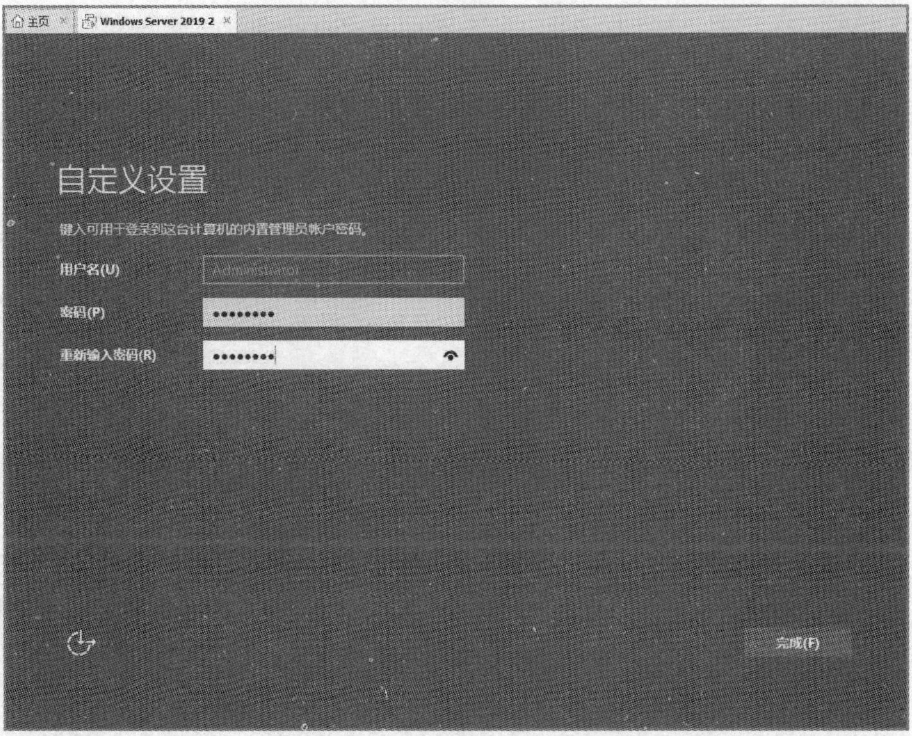

图 2.14

图 2.15

3）登录成功后，出现如图 2.16 所示的"服务器管理器"窗口，此时可以根据需求对服务器进行相关配置。至此，Windows Server 2019 完成安装。

图 2.16

【相关知识】

1）Windows Server 2019 安装完成后，必须经过激活程序对系统进行激活，否则 60 天后就无法再继续使用此系统。

2）当 Windows Server 2019 系统安装完毕后，系统需要用户设置新的管理员密码，而默认用户密码必须至少 6 个字符，且不可包含用户账户名称中超过两个以上的连续字符，还至少要包含 A～Z、a～z、0～9、非字母数字（如!、$、%、#）等 4 组字符中的 3 组。例如，12abAB 就是一个有效的密码，而 123456 是无效的密码。

3）如果计算机内同时安装了多个操作系统，如同时安装了 Windows Server 2003 与 Windows Server 2019，则每次计算机启动时，就会出现"Windows 启动管理器"界面，此时可选择要启动的操作系统,若 30s 内不做任何选择,则会自动启动默认的第一个系统。

4）在已有操作系统的情况下安装新操作系统，在启动 VMware Workstation 时需立刻按 Esc 键，选用 CD-ROM 加载安装光盘或安装映像，否则 VMware Workstation 会自动进入旧操作系统。

项目实训

【实训要求】

完成本项目课程实例任务。

【实训要求】

1）在 VMware Workstation 上自行安装一个全新的 Windows Server 2019 系统。

2）在已装有操作系统的虚拟机下，再安装一个新的 Windows Server 2019 系统。

3）在 VMware Workstation 上建立一个新的虚拟机，要求硬盘大小为 60GB，在安装 Windows Server 2019 时，通过"驱动器选项（高级）"将硬盘进行分区划分，系统分区要求 40GB，剩下的空间划分到 D 盘。

 项目评价

1）成功安装 Windows Server 2019 系统。
2）在装有操作系统的虚拟机下成功安装 Windows Server 2019 系统。
3）新建的虚拟机符合要求。

项目 3　熟悉 Windows Server 2019 环境

情景故事

　　系统安装完成后，进入系统桌面，阿斌便迫不及待地打开一些窗口、菜单和设置体验一番，在一阵浏览之后，心情开始平静下来，"要熟悉一下 Windows Server 2019 环境才行啊。"阿斌开始考虑进行一些基础设置以适应自己的使用习惯。作为网络服务器，首先肯定要进行网络设置，还要根据自己的喜好和服务器管理需要进行显示设置和界面管理。心动不如行动，开始动手吧！

案例说明

　　Windows Server 2019 的环境设置非常丰富，内容很多，因篇幅有限不能一一列出，在这里只是选择 3 个比较常用，而且作为服务器管理经常设置的内容进行介绍，其余的设置用户可以根据自己的需要，对照着熟悉的 Windows 10 环境慢慢去领略！

技能目标

- 掌握显示设置的方法。
- 掌握网络设置的方法。
- 了解其他常见管理。

任务 3.1 | 显示设置

显示设置

【任务说明】

与早期版本的 Windows Server 操作系统相比，Windows Server 2019 的桌面有了比较大的变化。Windows Server 2019 基于 Windows 10 LTSC 开发，与 Windows 10 的界面基本没有分别。对于没有接触过 Windows 10，并且初次接触 Windows Server 2019 的用户，需要学习桌面图标、桌面背景和显示的设置等，如果 Windows 10 应用十分熟练，则可以跳过本任务。

【任务目标】

1）桌面图标设置。
2）桌面背景设置。
3）显示属性设置。

【任务实现】

1. 桌面图标设置

系统安装完成后，初次进入 Windows Server 2019 系统，桌面上只有一个"回收站"图标，如果用户习惯通过桌面上的图标进行计算机管理，则有必要将"此电脑""网络"等图标显示在桌面上。设置的方法有很多，下面介绍一种比较通用的方法。

1）在桌面空白处右击，在弹出的快捷菜单中选择"个性化"命令，如图 3.1 所示。

图 3.1

2）将弹出如图 3.2 所示的"设置"窗口，默认选择的是"背景"设置项，此处直接在窗口左侧选择"主题"设置项，并在右侧向下拖动，可以看到"桌面图标设置"链接，单击此链接。

图 3.2

3）在弹出如图 3.3 所示的"桌面图标设置"对话框中，选中需要在桌面上显示的对应图标前面的复选框。此处可选取"计算机""用户的文件""网络""回收站"等常用的图标。

图 3.3

4）如果不想使用默认的图标，用户还可以先选中要更换的图标，例如"此电脑"，然后单击"更改图标(H)"按钮，此时弹出如图 3.4 所示的"更改图标"对话框，选择自己喜欢的图标，然后单击"确定"按钮即可。

完成上述操作之后，返回桌面即可发现桌面上已经出现了刚才选取的图标，如图 3.5 所示，这样就可以通过双击图标进行各种相关操作。

图 3.4

图 3.5

2. 桌面背景设置

计算机的桌面背景如同人的衣服一样，如果一个人每天都穿同一套衣服，就会显得沉闷而乏味。好的桌面背景可以让计算机桌面一下子变得生动起来，赏心悦目的桌面背景图片可以为工作和学习添一抹亮色，更可以彰显计算机主人的个性。要更换桌面背景，则需掌握桌面背景的设置。

1）在如图 3.2 所示的窗口左侧选择"背景"设置项，在窗口右侧拖动鼠标选择不同的背景设置。

2）如图 3.6 所示，"背景"可以选择"图片""纯色""幻灯片放映"等模式，还可以通过"浏览"按钮选择自己喜欢的图片，如自己的摄影作品、网上下载的自己喜欢的图片等。

选择"图片"，则可以选择单张图片作为背景；选择"纯色"，则会弹出背景色调色板供用户选择喜爱的颜色，可以自定义纯色，这个功能一般可以用来检测显示器是否有亮点、暗点等；选择"幻灯片放映"，则可以浏览自己的相册、图集等，并设置图片切换频率及播放顺序等。当选择"图片"和"幻灯片放映"模式时，由于图片分辨率未必能够完美契合显示器分辨率，因此可以在"选择契合度"下拉列表框中选择"填充""适应""拉伸""平铺"等模式，以达到满意的显示效果。限于篇幅，这里不一一介绍，读者可以自行测试。

图 3.6

3. 显示属性设置

在安装 Windows Server 2019 时，系统会自动设置显示分辨率，如果用户觉得不满意，则可以参照下述步骤更改显示属性。

1）在如图 3.2 所示的窗口中单击"高对比度设置"链接，在打开对话框的左侧窗格中单击"显示"链接，此时在右侧窗格单击"其他显示设置"链接可以进行"分辨率""方向"等相关设置。如果已经打开了"设置"窗口，可以在窗口左上角的文本框中输入"显示"，将弹出包含"显示"关键词的下拉菜单，选择"显示设置"即可，如图 3.7 所示，读者可以自行尝试。

图 3.7

　　此处介绍一个比较简单的方法，在桌面空白处右击，在弹出的快捷菜单中选择"显示设置"命令，弹出如图 3.8 所示的"显示"设置窗口，在右侧的窗格内，即可进行分辨率的设置。单击"分辨率"下拉按钮，则弹出如图 3.9 所示的分辨率菜单供用户选择。

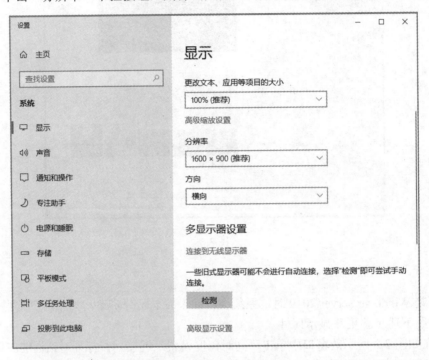

图 3.8

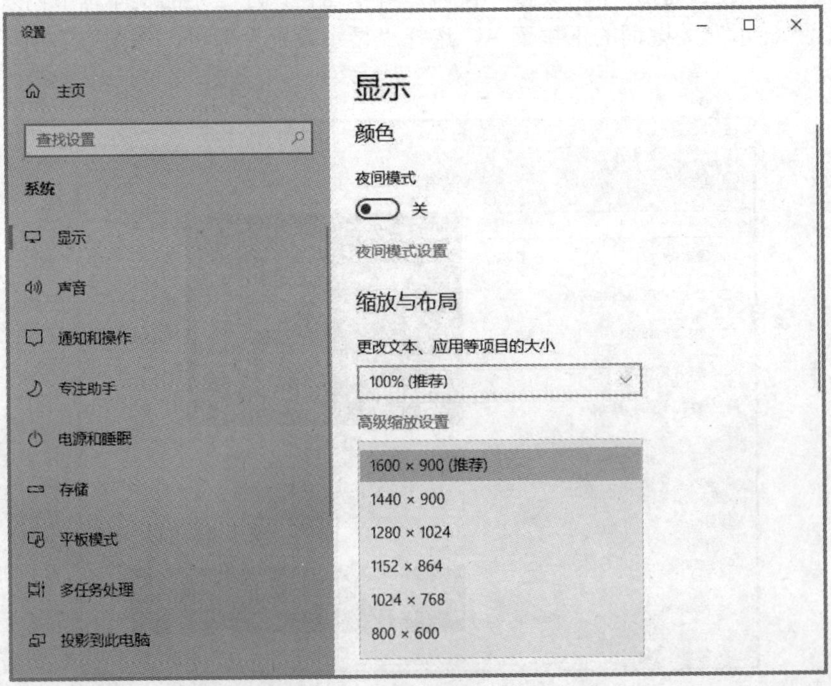

图 3.9

2）为了能够让显示器工作在最佳状态，还需要在如图 3.8 所示的窗口中单击"高级显示设置"链接，打开如图 3.10 所示的窗口，单击"显示器 1 的显示适配器属性"链接。

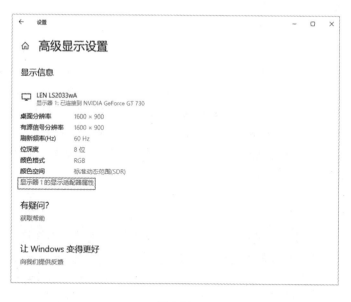

图 3.10

3）在弹出的对话框中选择"监视器"选项卡，然后单击"屏幕刷新频率"下拉按钮，在下拉列表中选取合适的刷新频率，如图 3.11 所示。一般情况下，建议用户将显示器刷新频率设置为 75Hz 以上，以减少用眼疲劳。

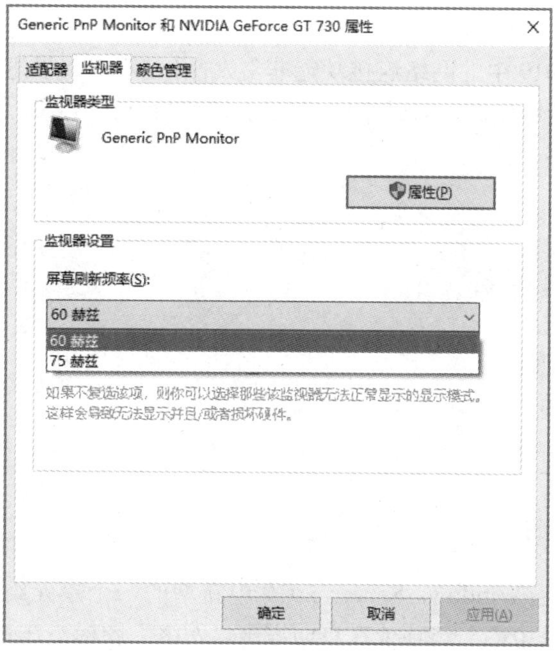

图 3.11

【相关知识】

显示屏上的字符和图像是由一个一个的点所组成的，这些点称为像素，用户可以自行调整，如水平 1600 像素，垂直 900 像素，也就是显示器的分辨率为 1600×900。分辨率越高，显示的画面就越好，图像也就越清楚。

现在经常把分辨率低于 720P 的屏幕称为标清，720P 的屏幕称为高清，1080P 的屏幕称为全高清，720P 分辨率为 1280×720；全高清分辨率为 1920×1080。随着技术的发展，又有 2K、4K、8K 等更高的分辨率。根据显示器扫描模式分为 1080i 和 1080P，i 指的是隔行扫描（interlace），P 指的是逐行扫描（progressive），2K 的分辨率可以达到 2048×1080，4K 的分辨率可以达到 3840×2160，8K 的分辨率则可以达到 7680×4320。

分辨率需要显卡和显示器配合才能达到较好的显示性能和效果，图片或者影片本身的最大像素也很重要。

【拓展提高】

设置图标时如果通过单击链接进行，很多初学者绕着绕着就不知道自己在哪里了，此时可以直接按 Win（键盘上的微软徽标键）+R 键，在对话框中输入 "rundll32.exe shell32.dll, Control_RunDLL desk.cpl,,0"，将弹出如图 3.3 所示的对话框，直接设置即可。

任务 3.2 | 配置 Windows Server 2019 网络

【任务说明】

Windows Server 2019 中的网络连接功能非常人性化，不仅可以迅速完成网络连接操作，还能够便捷地对网络中存在的故障进行自动修复，为用户使用网络提供了诸多便捷。

配置 Windows Server 2019 网络

【任务目标】

1）网络和共享中心设置。
2）网络故障自动修复。
3）手工配置网络连接。
4）通过连接向导配置网络。

【任务实现】

1. 网络和共享中心设置

网络和共享中心是 Windows Server 2019 中新增的一个单元组件，通过选择"控制面板"→"网络和共享中心"选项或在桌面右击"网络"图标，在弹出的快捷菜单中选择"属性"命令都可以打开"网络和共享中心"窗口，如图 3.12 和图 3.13 所示。在该窗口中可以查看当前网络的连接状况、当前计算机使用的网卡以及各种资源的共享情况。

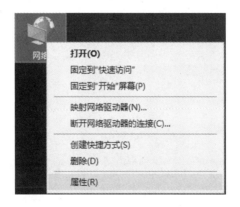

图 3.12

图 3.13

（1）查看活动网络状况

在"网络和共享中心"窗口的右侧可以直观地看到活动网络，以及访问类型、连接名称等信息，如本例可以看到"访问类型"是 Internet，"连接"名称是 Ethernet0。如果 IP 地址或者其他参数设置有问题则会显示"无法连接到网络"或"你目前没有连接到任何网络"。

（2）更改适配器设置

在左侧的导航窗格中单击"更改适配器设置"链接，可以看到系统内所有的网络适配器，如图 3.14 所示，其中包括两个无线网卡连接、一个有线以太网连接，以及两个 VMware Network Adapter（VMnet1 和 VMnet8 非本项目内容，读者可以自行查阅相关资料）。如果连接有问题，则会给出比较明显的提示，如"未连接"或"网络电缆被拔出"，而且会标上比较醒目的红叉。

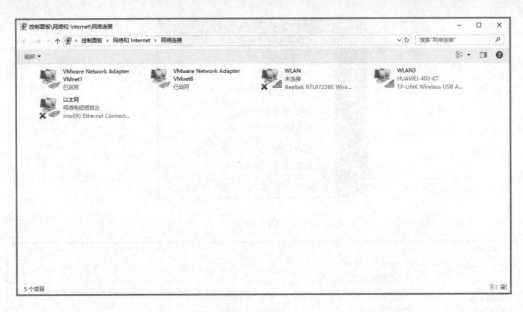

图 3.14

（3）更改高级共享设置

在左侧的导航窗格中单击"更改高级共享设置"链接，则会弹出"高级共享设置"窗口如图 3.15 所示，可以看到"专用""来宾或公用""所有网络"3 个折叠按钮。"专用"和"来宾或公用"下面的内容一致，为"网络发现"和"文件和打印机共享"。如果选中"启用网络发现"单选按钮，则双击打开"网络"图标会发现同网络内其他计算机和设备，其他的同网络计算机也可以看到这台主机。如果选中"启用文件和打印机共享"单选按钮，则网络上其他计算机可以访问这台计算机上的共享文件夹和共享打印机。修改完成后，单击"保存更改"按钮。

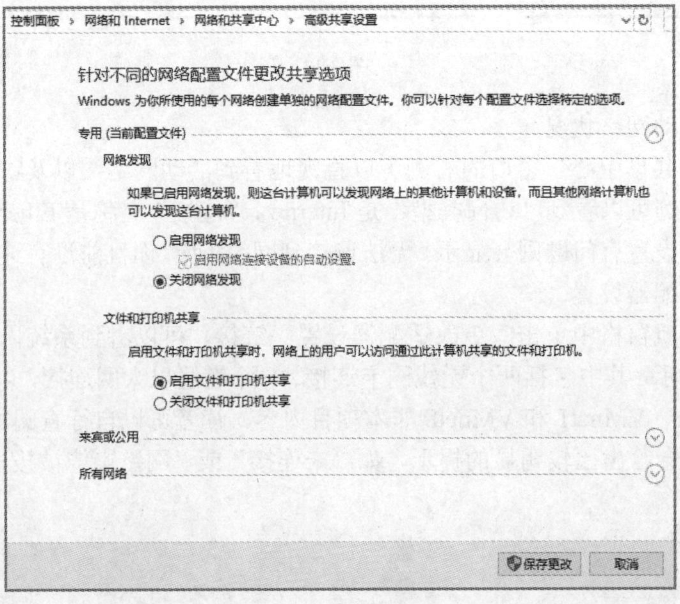

图 3.15

"所有网络"下面有 3 个项目,分别为"公用文件夹共享""媒体流""密码保护的共享",如图 3.16 所示。启用"公用文件夹共享",网络上的用户可以访问公用文件夹,如果启用了网络发现,直接双击网络上的计算机图标,可以发现一个名为 Users 的默认共享,打开之后发现里面有一个"公用"文件夹,下面有"公用视频""公用图片""公用文档""公用下载""公用音乐"等几个默认共享文件夹,如图 3.17 所示。对于很多非专业的用户来说,把想共享的文件放入公用文件夹(位于 C:\Users\Public)是最简单的共享方式。

图 3.16

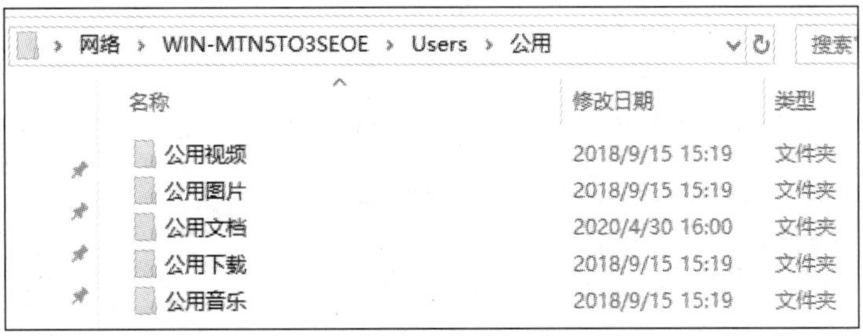

图 3.17

启用"媒体流"后,网络上的设备和用户可以访问此计算机上的图片、音乐以及视频。

启用"密码保护的共享"后,则只有具备此主机上的用户账户和密码的用户才可以访问共享文件、共享打印机和公用文件夹等。想要人人都可以访问,则必须选中"关闭密码保护共享"单选按钮,不过这样并不安全,不建议这样做。

(4)主机网络位置设置

在 Windows 7 操作系统中,首次使用网络时,会弹出网络位置设置,以确定本台主机是"家庭网络""工作网络"还是"公用网络"。那么在 Windows Server 2019 中该如何配置一台主机的网络位置是"专用"还是"公用"呢？方法与 Windows 10 中设置方法基本一致，下面具体介绍。

单击桌面右下角的"网络"图标（一般在扬声器按钮的左侧），在弹出的面板中单击"网络和 Internet 设置"链接，如图 3.18 所示。

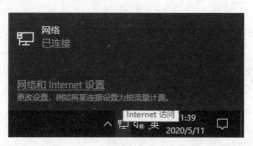

图 3.18

弹出"网络和 Internet"设置窗口，如图 3.19 所示，左侧为"网络和 Internet"设置项导航栏，右侧为"网络状态"信息以及"更改网络设置"等链接。

图 3.19

在左侧导航栏中选择"以太网"设置项，则右侧窗格变成以太网相关信息以及以太网相关设置链接，如图 3.20 所示。

在图 3.20 中直接单击以太网标题下的"网络"图标，弹出如图 3.21 所示的窗口，在此窗口中可以设置"网络配置文件"为"专用"还是"公用"，选中对应的单选按钮即可。选项下有非常详细的文字说明，读者可以验证。

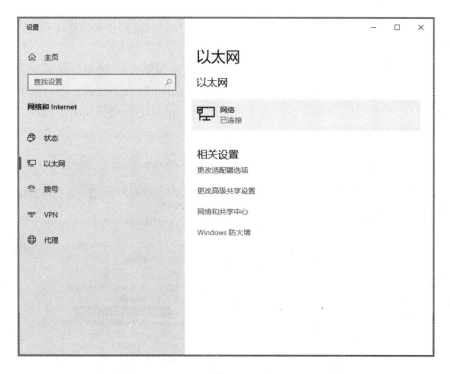

图 3.20

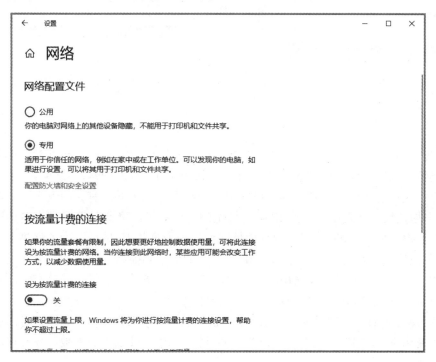

图 3.21

2. 手工配置网络连接

一般情况下，通过上述步骤可以很轻松地完成局域网接入 Internet 的识别与配置操作，如果使用这种方法依然无法正确配置网络，那么还可以参照下述步骤采取手动方式进行网络连接配置。

1）在如图 3.14 所示的"网络连接"窗口中，选中需要设置 IP 地址的适配器，双击打开，则显示如图 3.22 所示的网络连接状态对话框。单击"属性"按钮，即可显示如图 3.23 所示的属性对话框。当然，直接右击选中的适配器，在弹出的快捷菜单中选择"属性"命令，一样可以打开属性对话框。

 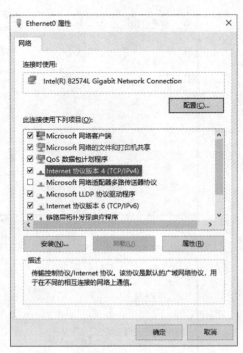

图 3.22　　　　　　　　　　　　　　　　图 3.23

2）在如图 3.23 所示的对话框中，选择"Internet 协议版本 4（TCP/IPv4）"选项，并且单击"属性"按钮，或者直接双击"Internet 协议版本 4（TCP/IPv4）"选项。

要点：现行的 IPv4 自 1981 年 RFC 791 标准发布以来并没有大的改变，但是近年来 Internet 呈指数级飞速发展，导致 IPv4 地址空间几近耗尽，IP 地址变得越来越珍稀，迫使许多企业不得不使用 NAT 将多个内部地址映射成一个公共 IP 地址。为了解决上述问题，Internet 工程任务组开发了 IPv6 协议。IPv6 协议的新增功能特性包括新包头格式、更大的地址空间、高效的层次寻址及路由结构、全状态和无状态地址配置、内置安全设施、更好的 QOS 支持、用于邻节点交互的新协议以及可扩展性等。

3）在弹出的如图 3.24 所示的"Internet 协议版本 4（TCP/IPv4）属性"对话框中，首先选中"使用下面的 IP 地址"单选按钮，并且针对 IP 地址之类的参数进行设置，设置完成后单击"确定"按钮。

➢　IP 地址：可以输入"192.168.1.200"之类的 IP 地址，设置 IP 地址的时候注意网段，并且 IP 地址不能重复，即主机地址要不同。

> ➢ 子网掩码：用于划分子网，注意需要直接通信的计算机需要在同一子网，本例设置为"255.255.255.0"。
> ➢ 默认网关：一般默认网关设置为网络中路由器或者服务器的 IP 地址。
> ➢ 首选 DNS 服务器：设置 DNS 服务器时需要询问网络管理员或者当地网络提供商，再进行相应的配置，否则会导致无法正常浏览网页，当然如果要做 DNS 服务器的实验，则需将此处设置为 DNS 服务器的 IP 地址。

4）在图 3.24 中单击"高级"按钮，弹出如图 3.25 所示的"高级 TCP/IP 设置"对话框，在此可以对 TCP/IP 进行高级设置，如为一个适配器添加多个 IP 地址等。

图 3.24   图 3.25

由于智能家用路由器的普及，现代家庭上网一般不需要用户在计算机系统中做复杂的配置，如果不是专业人员，家庭中计算机的 IP 地址和 DNS 服务器等设置为自动获取即可。

【相关知识】

TCP/IP 协议是目前使用最广泛的通信协议，不仅用于各种类型的局域网，也用于 Internet 当中，是互联网的基础。

TCP/IP 协议采用简单的 4 层模型，即应用层、传输层、互联层和网络层。

网络上的每一台主机都应该至少有一个唯一的 IP 地址，这些地址不能重复，以便计算机之间相互通信。

【拓展提高】

设置好网络之后，可以使用命令查看 IP 地址有没有真实应用。

在"命令提示符"窗口中输入"ipconfig /all",可以查看本机的 IP 地址、子网掩码、网关、DNS 和 MAC 地址,以比较结果与设置是否相符。

任务 3.3 │ 其他常用配置

【任务说明】

其他常用配置

虽然 Windows Server 2019 是一款服务器级别的操作系统,但是也可以将其当作工作站系统使用。此时就要进行针对性的设置,以使系统能够满足工作站用户的基本需要。

【任务目标】

1)设置计算机名称和所属工作组。
2)配置虚拟内存。
3)开启交互式登录。
4)取消关闭事件跟踪。

【任务实现】

1. 设置计算机名称和所属工作组

在后面项目的一些操作中,需要正确设置计算机名称和所属工作组。因此在成功安装 Windows Server 2019 之后,需要对计算机名称以及所属工作组进行相应的设置。

1)在桌面上右击"此电脑"图标,在弹出的快捷菜单中选择"属性"命令,如图 3.26 所示。

图 3.26

2)出现如图 3.27 所示的"查看有关计算机的基本信息"窗口,单击右侧窗格中部的"计算机名、域和工作组设置"栏中的"更改设置"链接。

图 3.27

3）在弹出图 3.28 所示的对话框中，选择"计算机名"选项卡，可以看到当前的计算机名称以及工作组名称。单击"更改"按钮，则可以在弹出的"计算机名/域更改"对话框中设置计算机名称和工作组名称，如图 3.29 所示。

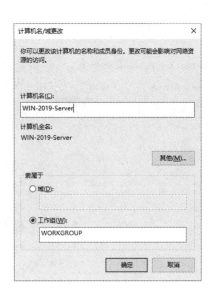

图 3.28   图 3.29

4）这里将计算机名称设置为"WIN-2019-Server"，工作组名称不变。

5）完成上述操作之后，会出现如图 3.30 和图 3.31 所示的重新启动计算机提示对话框，单击"立即重新启动"按钮重新启动计算机后即可完成计算机名称和工作组的更改。

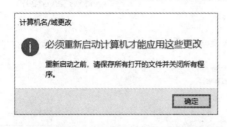

图 3.30

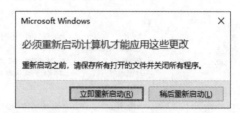

图 3.31

2. 配置虚拟内存

目前主流计算机的内存配置已经普遍提升到 4GB 甚至更多，但对于庞大的 Windows 操作系统以及功能越来越强大、占用系统内存资源也越来越多的各种软件来说，4GB 内存还是远远不能满足要求的，这时 Windows 使用的虚拟内存就可以发挥其作用。它将一部分硬盘空间设置为虚拟内存，从而扩大了计算机的可用内存空间来满足程序的运行要求。尽管由于硬盘的读写速度和传输速率等远远低于内存，容易导致系统工作效率的降低和系统反应的延迟，但相对于花费更多的资金增加内存来提高系统性能，这种以时间和效率来换取性能的做法还是可取的。

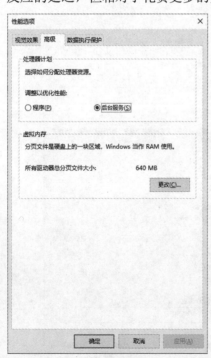

图 3.32

Windows Server 2019 采用页面文件的方式来实现虚拟内存的创建。通常情况下，用户在使用时都是按照系统默认的设置让 Windows 管理虚拟内存，这样虽然对于用户比较方便，但是 Windows 为了兼容绝大部分计算机配置，默认设置的管理方式通常比较保守，因此它的工作效率有时偏低，所以用户可以对 Windows 的虚拟内存进行优化管理。

对于 Windows Server 2019 用户而言，调整虚拟内存设置可以参照下述方法进行。

1）在图 3.27 所示窗口的左侧导航栏中，单击"高级系统设置"链接，弹出"性能选项"对话框，选择"高级"选项卡，如图 3.32 所示。

2）单击"虚拟内存"栏中的"更改"按钮，弹出如图 3.33 所示的"虚拟内存"对话框，默认"自动管理所有驱动器的分页文件大小"复选框是被选中的，即不需要用户做相关配置，如果用户想要手工配置，则应取消选中该复选框，如图 3.34 所示。

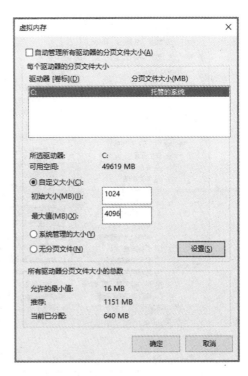

图 3.33　　　　　　　　　　　　　　　图 3.34

3）如图 3.34 所示，在该对话框中可以对页面文件的大小和存放的位置进行设置，首先在上部的"驱动器"列表中选择用于存放页面文件的盘符位置，然后选中"自定义大小"单选按钮，在"初始大小"和"最大值"文本框中分别输入页面文件的数值，最后单击"设置"按钮，在列表中可以看到设置后的分页文件大小。设置完成后单击"确定"按钮，返回图 3.32 所示对话框，单击"确定"按钮，重启计算机之后设置生效。

3．开启交互式登录

每次登录 Windows Server 2019 的时候，首先要按 Ctrl+Alt+Delete 组合键，然后才能输入用户名和相应的密码登录。如果不习惯这种操作模式，可以参照下述步骤开启交互式登录。

1）选择"开始"→"Windows 系统"→"运行"命令，或者按 Win+R 组合键，在打开的对话框的文本框中输入"gpedit.msc"，单击"确定"按钮后打开"本地组策略编辑器"窗口。

2）在"本地组策略编辑器"窗口中依次展开"计算机配置"→"Windows 设置"→"安全设置"→"本地策略"→"安全选项"项目，此时可以在窗口右侧查看到"交互式登录：无须按 Ctrl+Alt+Del"选项，如图 3.35 所示。

3）双击"交互式登录：无须按 Ctrl+Alt+Del"选项，在弹出的对话框中选中"已启用"单选按钮，如图 3.36 所示。

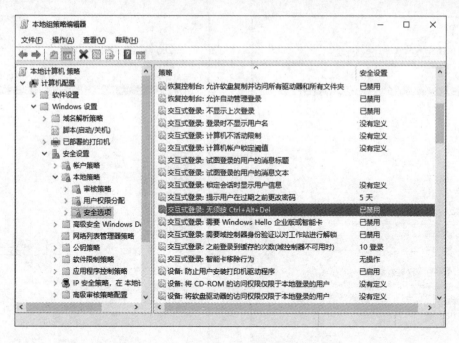

图 3.35

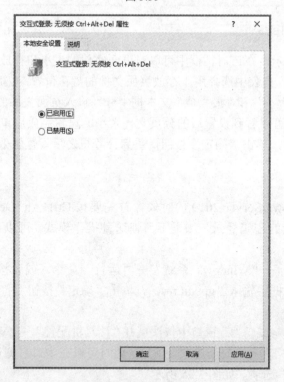

图 3.36

完成上述操作之后退出本地组策略编辑器，这样以后启动计算机时就不必按 Ctrl+Alt+Delete 组合键，直接在如图 3.37 所示的界面中输入相应的用户密码即可登录 Windows Server 2019 系统。

4. 取消关闭事件跟踪程序

对于普通用户来说，计算机的关闭和重新启动应该是很正常的事情，然而对于服务器级别的计算机来说就不是这样了。为了增加系统的安全性，Windows Server 2019 在关闭或者重新启动的时候需要给出适当的理由（如"硬件：维护""操作系统：恢复"等），如图 3.38 所示，并将其命名为"关闭事件跟踪程序"。只有在提供了关闭（重启）计算机的原因后才能继续，这样可能会带来不好的使用体验。取消这个烦琐的步骤可以让关机变得更简单。

图 3.37

图 3.38

具体操作步骤如下：

1）选择"开始"→"Windows 系统"→"运行"命令或者按 Win+R 组合键，在弹出的对话框的文本框中输入"gpedit.msc"，打开"本地组策略编辑器"窗口。

2）在"本地组策略编辑器"窗口中依次展开"计算机配置"→"管理模板"→"系统"项目，这时可以在右侧窗格中查看到"显示'关闭事件跟踪程序'"选项，如图 3.39 所示。

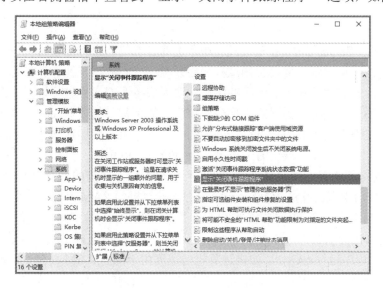

图 3.39

3）双击"显示'关闭事件跟踪程序'"选项，在弹出的属性设置对话框中选中"已禁用"单选按钮，如图 3.40 所示。

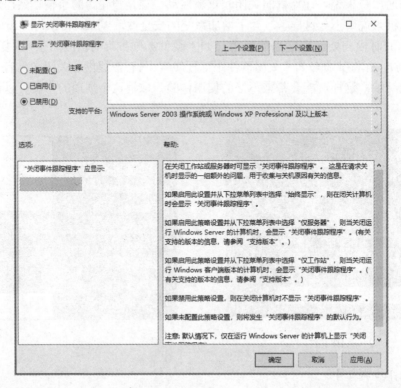

图 3.40

4）单击"确定"按钮退出本地组策略编辑器，这时再选择"开始"→"关机"命令就不需要选择关机原因，而是直接关闭计算机。

【相关知识】

1）Windows Server 2019 在安装过程中不会对计算机名进行配置，而是自动生成新的计算机名。网络中每一台计算机的计算机名必须唯一，不能与其他计算机重名。要让服务器的名称唯一，与其他计算机名称不冲突，就要对服务器的名称进行设置。系统会自动设置计算机名，不过建议将服务器的名称改为有意义的名称并保证名称唯一。另外，建议将同一个部门或工作性质相似的计算机划分为同一个工作组，这样这些计算机之间通过网络进行通信时更方便。计算机默认的工作组名为 WORKGROUP。

2）什么是虚拟内存？如果计算机缺少运行程序或操作所需的随机存取内存（RAM），则 Windows 使用虚拟内存进行补偿。虚拟内存将计算机的 RAM 和硬盘上的临时空间组合在一起。当 RAM 运行速度缓慢时，虚拟内存将数据从 RAM 移动到称为分页文件的空间中。将数据移入与移出分页文件可以释放 RAM，以便计算机可以完成工作。一般而言，计算机的 RAM 越多，程序运行得越快。如果计算机的速度由于缺少 RAM 而降低，则可以尝试增加虚拟内存来进行补偿。但是，计算机从 RAM 读取数据的速度要比从硬盘读取数据的速度快得多，因此增加 RAM 是更好的方法。

3）交互式登录是我们平常登录时最常见的类型，就是用户通过相应的用户账号（User Account）和密码在本机进行登录。有些人认为交互式登录就是本地登录，其实这是错误的。交互式登录还包括域账号登录，而本地登录仅限于本地账号登录。在交互式登录时，系统会首先检验登录的用户账号类型是本地用户账号（Local User Account）还是域用户账号（Domain User Account），再采用相应的验证机制。因为不同的用户账号类型，其处理方法也不同。

4）Windows 操作系统对时间的定义是指操作系统内发生的重要时间，或应用程序为了跟踪目的而需要记录的时间。除了可以跟踪信息时间以外，还可以跟踪警告、错误以及审核。关键错误应该立刻处理，例如服务器的磁盘空间或内存不足，这些事件也会记录到日志中，并显示在屏幕上。

【拓展提高】

1）Windows Server 2019 的虚拟内存是由系统创建的一个名为 swapfile.sys 的文件，并用它来作为虚拟内存的存储空间，该文件又称为分页文件，创建在系统盘根目录下。

2）swapfile.sys 是受系统保护的操作系统文件，除了需要在资源管理器"查看"选项卡中选中"隐藏的项目"外，还要通过单击"查看"选项卡最右侧的"选项"按钮，在弹出的"文件夹选项"对话框的"查看"选项卡中，取消选中"高级设置"列表中的"隐藏受保护的操作系统文件"复选框才可以看到。

项目实训

【实训说明】

某公司安装了 Windows Server 2019 服务器，为了方便工作人员使用，需对服务器桌面进行设置，符合大家使用习惯。

【实训要求】

1. 显示设置

1）将分辨率调整为 1600×900（16：9 显示器）或 1024×768（4：3 显示器）。
2）将刷新频率调整为 75Hz。
3）调整桌面背景。

2. 网络设置

1）手动设置 IP 地址为 172.168.10.101，子网掩码为 255.255.255.0，网关为 172.168.10.1。
2）设置 DNS，将其修改为 172.168.10.1。
3）增加一个 IP 地址 172.168.20.101，子网掩码为 255.255.255.0。

3. 虚拟内存设置

1）调整虚拟内存最小值为 2048MB，最大值为 5120MB。

2）调整虚拟内存在每个分区上的最小值为 2048 MB，最大值为 4096MB。

4. 计算机名和工作组名称设置

1）调整计算机名称，将其修改为自己姓名的缩写，工作组修改为 MyGroup。

2）两台计算机一组，将计算机名称改为同一个名字，看会发生什么事情。

5. 其他设置

1）开启交互式登录。

2）取消关闭事件跟踪程序，让开机、重启和关机更顺畅。

项目评价

1）完成显示设置，分辨率和刷新频率设置正确。

2）IP 地址设置正确。

3）虚拟内存设置正确。

4）计算机名和工作组设置正确。

5）计算机设置名称相同，重名的计算机会有错误提示。

6）相关组策略应用正确。

项目 4   计算机管理

　　机房管理人员阿斌最近遇到一个头痛的问题，学校组建单位内部的局域网，随着学校的发展，办公室和机房中的计算机逐渐增加，学校服务器所承受的工作量越来越多，同时在服务器中存储的数据也越来越多。由于访问服务器的人较多，服务器的工作速度有时会变得很慢，因此阿斌决定加大服务器硬盘容量，多加几块硬盘，并对它们进行有效的管理，同时也可以加强硬盘数据的安全性。考虑到多人使用到服务器，因此他决定在服务器上多增加几个用户账户。另外，他作为机房管理人员，时常要收集其他部门的数据，老是跑来跑去很麻烦，因此他决定在服务器上创建共享文件夹，让其他部门把数据放在共享文件夹内，这样可以省事很多。由于机房打印机数量的限制，需要把打印机共享，让各位员工使用。对于机房计算机的一些设备，他要做安装硬件、更新程序等一些维护工作，于是他将操作服务器时经常用到的一些管理单元集中到了一起，管理起来方便了很多。经过一系列的优化设置工作之后，他感觉轻松和放心了许多。

案例说明

本例的实训采用模拟环境，实施的过程在虚拟机内进行，旨在让学生反复地动手实践操作而不用担心出现什么安全问题。通过磁盘管理、本地用户账户和组的创建管理、共享文件夹的设置与访问、打印机的安装共享与访问、硬件设备的管理以及 MMC 控制台的管理等实践操作，让学生掌握 Windows Server 2019 操作系统中"计算机管理"单元的基本使用和管理方法，强化学生对网络课程知识点的理解与掌握。

技能目标

- 掌握磁盘管理的方法。
- 掌握用户和组的创建及管理方法。
- 掌握共享文件夹的设置及访问方法。
- 掌握打印机的安装、共享及访问方法。
- 掌握硬件设备的安装、禁用、启用及驱动程序的安装方法。
- 掌握创建自定义管理单元控制台文件的方法。

任务 4.1 | 磁盘管理

【任务说明】

磁盘管理是一个用于管理硬盘以及硬盘所包含的卷或分区的系统实用工具。使用磁盘管理功能可以初始化磁盘，创建和格式化分区，创建卷，分配驱动器号，使用 FAT、FAT32 或 NTFS 文件系统格式化卷，以及创建容错磁盘系统等。磁盘管理允许执行多数与磁盘有关的任务，而不需要关闭系统或中断用户，大多数配置更改后将立即生效。我们可以对基本磁盘和动态磁盘进行管理。动态磁盘还可以对卷进行操作，创建和使用简单卷、跨区卷、带区卷、镜像卷、RAID-5 卷，其中镜像卷和 RAID-5 卷还具备容错的功能。

【任务目标】

在进行磁盘管理之前，应在虚拟机里添加至少 3 块虚拟硬盘，因为要做 RAID-5 的管理至少需要 3 块硬盘。在虚拟机里添加完 3 块硬盘之后的界面如图 4.1 所示。添加后的硬盘在 Windows Server 2019 系统中默认为基本磁盘。

图 4.1

磁盘管理主要包含以下几点内容。

1）基本卷的管理。

2）磁盘分区和格式化。

3）创建扩展磁盘分区、逻辑分区和删除卷。

4）转换为动态磁盘。

5）创建简单卷。

6）创建跨区卷。

7）创建带区卷。

8）创建镜像卷。

9）创建 RAID-5 卷。

基本卷的管理

【任务实现】

1. 基本卷的管理

在使用基本磁盘时，需对基本磁盘进行分区与格式化，分区后基本磁盘中的每一个主磁盘分区和逻辑分区又被称为基本卷。

用户可通过"开始"→"Windows 管理工具"→"计算机管理（本地）"→"存储"→"磁盘管理"的途径管理基本卷，如图 4.2 所示是选择"磁盘管理"后的界面。

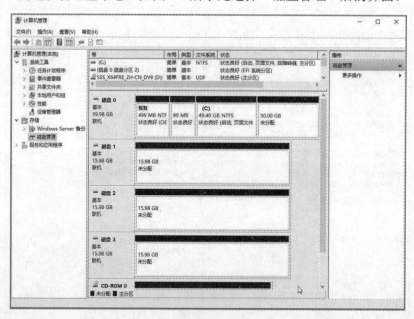

图 4.2

2. 磁盘分区和格式化

对 MBR（master boot rocord，主引导记录）磁盘来说，一个基本磁盘内最多管理 4 个主磁盘分区。

磁盘分区
和格式化

创建主磁盘分区的过程如下:

1) 如图 4.3 所示,右击一块新添加的磁盘,在弹出的快捷菜单中选择"新建简单卷"命令。

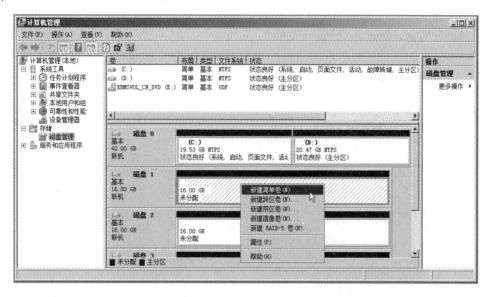

图 4.3

2) 弹出"欢迎使用新建简单卷向导"对话框,直接单击"下一步"按钮。

3) 如图 4.4 所示,设置"简单卷大小"为 8000MB,然后单击"下一步"按钮。

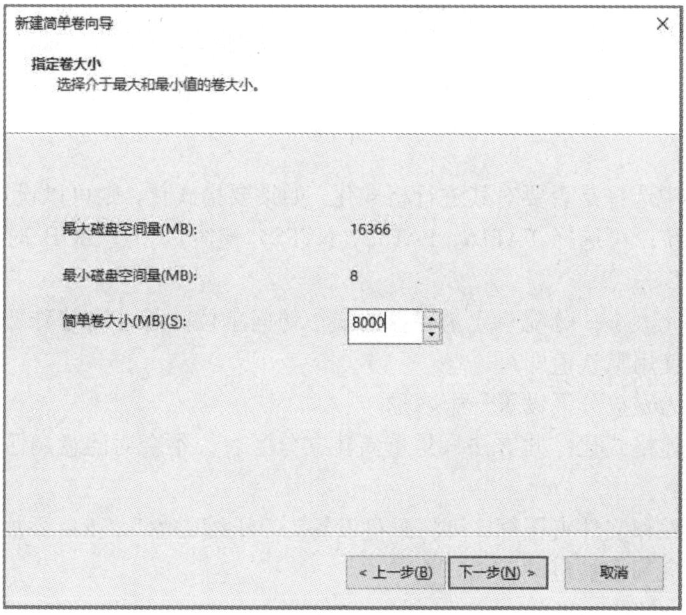

图 4.4

4) 在图 4.5 中分配好驱动器号或指定好路径后,单击"下一步"按钮。此图中的 3 个选项作用如下。

➢ 分配以下驱动器号：系统可为该驱动器分配一个驱动器号，用户也可以手动选择一个，一般不需要更改。例如，可以指定为 F。

➢ 装入以下空白 NTFS 文件夹中：是指用一个空的文件夹来代表该磁盘分区，如用 C:\tools 来代表该磁盘分区，则以后所有要存到 C:\tools 的文件，都会被存到该磁盘分区内，而不是 C:\tools 文件夹。

➢ 不分配驱动器号或驱动器路径：是指用户可以在以后再指定驱动器号或利用一个空文件夹来代表该磁盘分区。

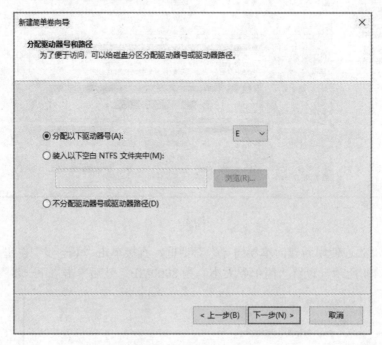

图 4.5

5）在图 4.6 中选择是否要对其进行格式化，如果要格式化，则可以设置以下几个选项。

➢ 文件系统：可选择 FAT16、FAT32、NTFS，但容量超过 2GB 时，应选择 FAT32 或 NTFS。

➢ 分配单元大小：分配单元是磁盘的最小访问单位，除非有特殊要求，一般不需要更改，使用默认值即可。

➢ 卷标：为磁盘分区设置一个名称。

➢ 执行快速格式化：此方法只是重新建立分区表，不会对磁盘扇区好坏进行检查，速度快。

➢ 启用文件和文件夹压缩：可将磁盘设置为"压缩磁盘"，以后添加到该磁盘的文件或文件夹都会被自动压缩。

图 4.6

6）完成图 4.6 的设置后，单击"下一步"按钮，会出现"正在完成新建简单卷向导"界面，也会显示已做好的设置，单击"完成"按钮。

7）完成该磁盘的分区格式化之后，将回到"磁盘管理"窗口，如图 4.7 所示。

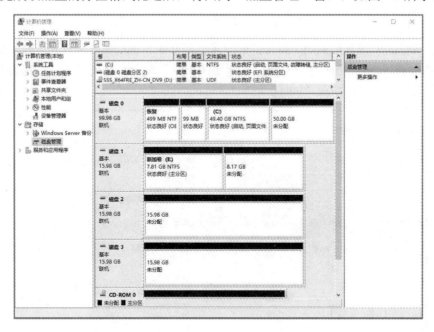

图 4.7

3. 创建扩展磁盘分区、逻辑分区和删除卷

Windows Server 2019 已不提供图形方式来创建扩展磁盘分区，但可以使用 DISKPART 命令来创建扩展磁盘分区。

1）选择"开始"→"Windows 系统"→"命令提示符"命令，打开"命

创建扩展磁盘分区、逻辑分区和删除卷

令提示符"窗口。

2）在"命令提示符"窗口中输入"diskpart"命令后按 Enter 键。

3）在"DISKPART>"后输入"select disk 1"，按 Enter 键，选择磁盘 1。

4）再输入"create partition extended size=3000"后按 Enter 键，即可在磁盘 1 上创建一个约 3GB 的扩展分区，如图 4.8 所示。

图 4.8

5）扩展分区无法直接使用，要在扩展分区上建立逻辑驱动器才可使用。在新建的扩展分区上右击，在弹出的快捷菜单中选择"新建简单卷"命令，按创建主分区的方法创建一个约 3GB 的逻辑分区，如图 4.9 所示。

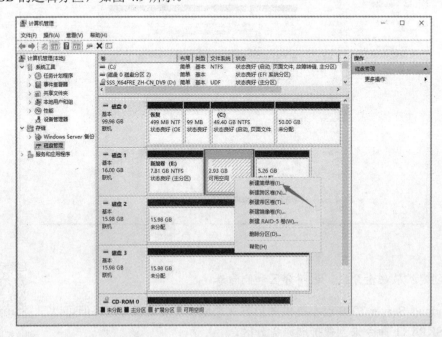

图 4.9

6）如要删除某一个卷，右击某卷，选择"删除卷"命令即可，如图4.10所示。

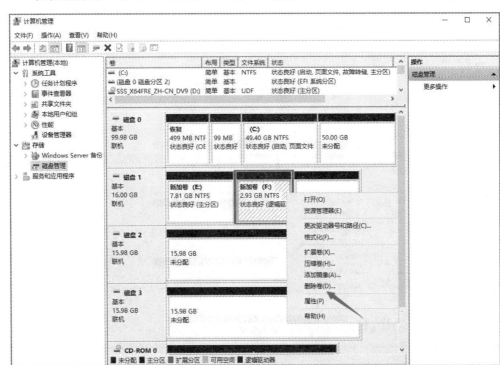

图 4.10

4. 转换为动态磁盘

动态磁盘可以包含无数个卷，其基本功能与基本磁盘在使用上相似，不同之处在于动态磁盘可以在计算机的两个或多个动态磁盘之间拆分或共享数据。

转换为动态磁盘

动态磁盘有以下几种类型：简单卷、跨区卷、带区卷、镜像卷和RAID-5卷。

要实现动态磁盘的功能，必须先把基本磁盘转换为动态磁盘，转换前要注意关闭正在运行的程序。

完成转换后，磁盘内将不再有基本磁盘，且不能再转换成基本磁盘。

若磁盘上安装了多个操作系统，原则上不转换，否则会造成其他系统无法启动或无法读取动态磁盘数据。

转换过程如下：

1）在"磁盘管理"界面中，右击"磁盘 1"，在弹出的快捷菜单中选择"转换到动态磁盘"命令，如图4.11所示。

2）在图 4.12 中可选择同时需要转换的其他基本磁盘，磁盘选择完成后单击"确定"按钮。

3）在图 4.13 中，单击"转换"按钮，此时弹出一个提示对话框，单击"是"按钮即可。

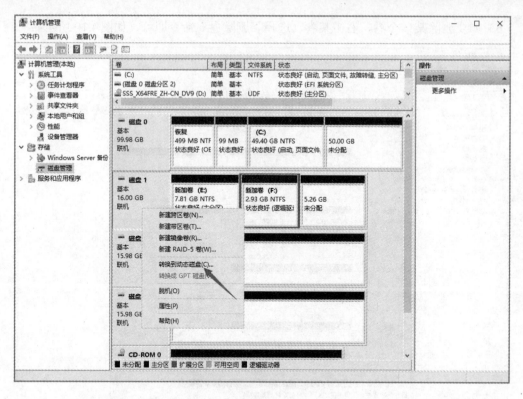

图 4.11

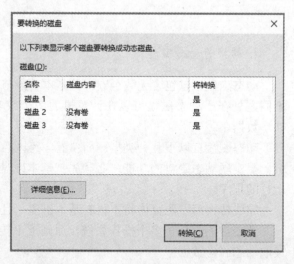

图 4.12

图 4.13

4）转换完成后，如图 4.14 所示，可以看到原先的基本磁盘已转换成动态磁盘。

5. 创建简单卷

简单卷是动态磁盘中的基本单位，它相当于基本磁盘中的主分区，并且支持卷空间的扩展。简单卷的文件系统可以是 FAT16、FAT32 或 NTFS，但要扩展简单卷则必须使用 NTFS 文件系统。

创建简单卷

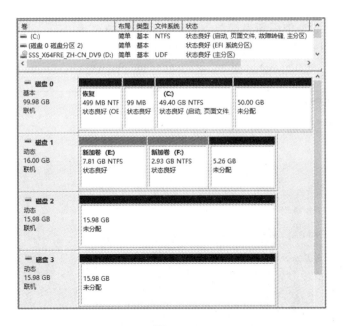

图 4.14

　　系统卷和引导卷是不能扩展的，系统卷是指分区内存储着启动操作系统文件的分区，引导卷是用来存放 Windows Server 2019 操作系统的磁盘分区，扩展的空间可以是同一磁盘上连续或不连续的空间。

　　创建简单卷的操作步骤如下：

　　1）在"磁盘管理"界面中，右击"磁盘 1"未分配的磁盘空间，在弹出的快捷菜单中选择"新建简单卷"命令，如图 4.15 所示。

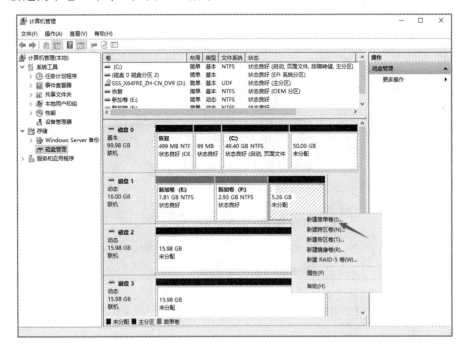

图 4.15

2）在弹出的"欢迎使用新建简单卷向导"对话框中直接单击"下一步"按钮。

3）在图 4.16 中设置"简单卷大小"为 2000MB，单击"下一步"按钮，后续操作步骤参照图 4.5 和图 4.6，完成后就新建了一个"新加卷（H：）"。

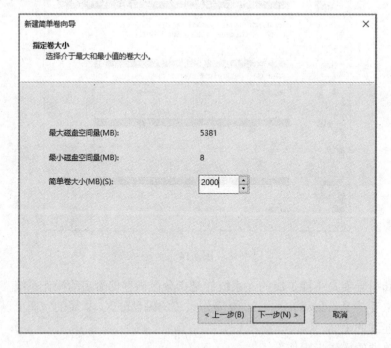

图 4.16

4）如要扩展简单卷 G，则右击"新加卷（G:）"，选择"扩展卷"命令，如图 4.17 所示。

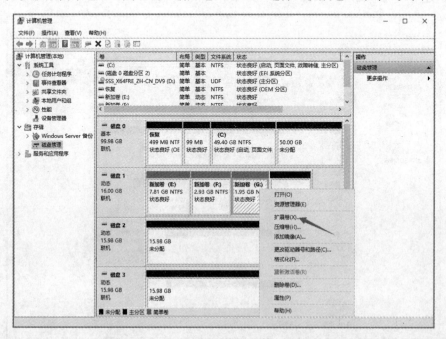

图 4.17

5）在出现的"欢迎使用扩展卷向导"对话框中直接单击"下一步"按钮。

6）在"选择磁盘"对话框中选中"磁盘 1"，然后在"选择空间量"选项中输入扩展的空间大小为 3381，如图 4.18 所示，然后单击"下一步"按钮。

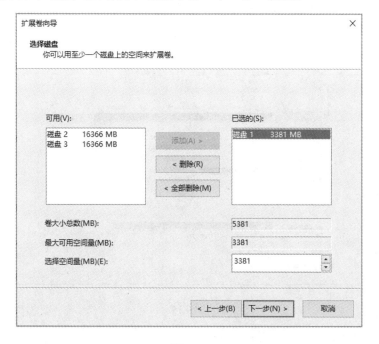

图 4.18

从扩展完成后的结果可以看出，简单卷 G 的空间在磁盘上是不连续的。

6. 创建跨区卷

创建跨区卷

跨区卷是指数个位于不同磁盘的未指派空间所组合成的一个逻辑卷，并分配一个共同的驱动器号。

创建跨区卷时应注意以下事项：

➤ 组建跨区卷的多个动态磁盘未指派空间可以不相同。

➤ 可以选用 2～32 个磁盘组成跨区卷。

➤ 系统卷和引导卷不能组成跨区卷。

➤ 跨区卷不提供容错，其中任何一个磁盘发生故障，整个跨区卷内的数据将丢失。

➤ FAT16、FAT32 文件系统的分区可以组成跨区卷，但只有 NTFS 分区组成的跨区卷才有扩展容量的功能。

创建跨区卷的操作步骤如下：

1）在"磁盘管理"界面中，删除建立的简单卷，右击"磁盘 2"的未指派空间，在弹出的快捷菜单中选择"新建跨区卷"命令，如图 4.19 所示。

2）在弹出的"欢迎使用新建跨区卷向导"对话框中直接单击"下一步"按钮。

3）在弹出的"选择磁盘"对话框中选择磁盘，这里选择"磁盘 3"，单击"添加"按钮，然后单击"下一步"按钮，如图 4.20 所示。

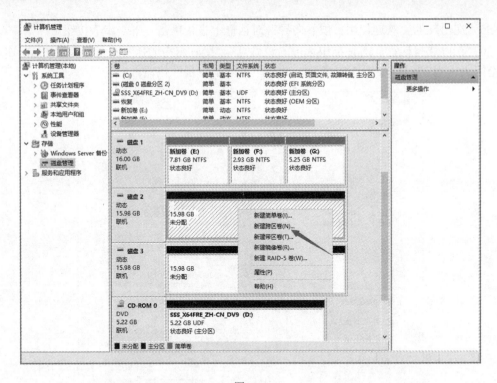

图 4.19

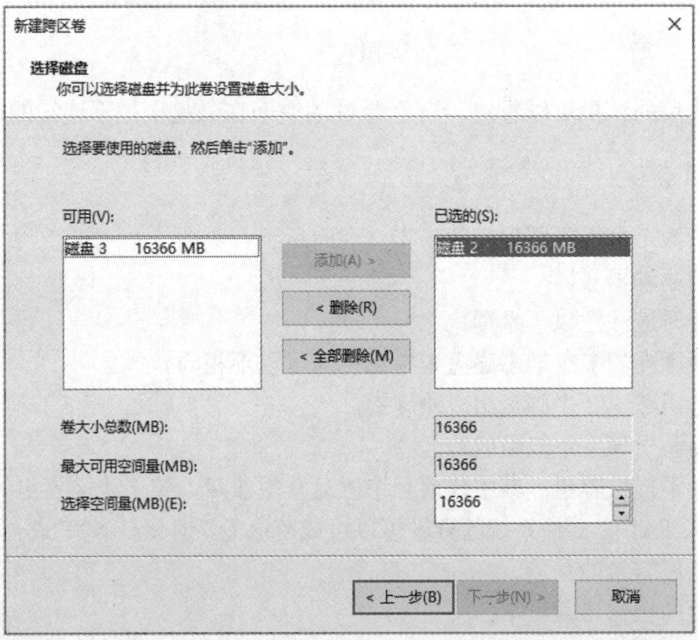

图 4.20

4）分别设置"磁盘 2"中的"选择空间量"选项为 8000MB 和"磁盘 3"中的"选择空间量"选项为 2000MB，这样"卷大小总数"选项就显示为 10000MB，如图 4.21 所示，单击"下一步"按钮继续。

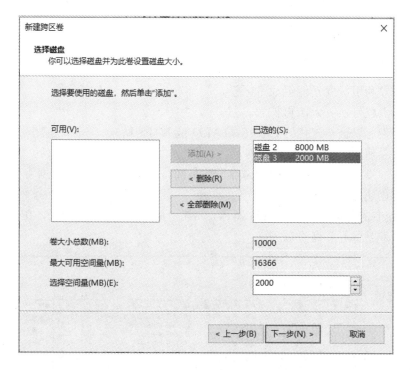

图 4.21

5）在"分配驱动器号和路径"对话框中指派一个驱动器号，完成后单击"下一步"按钮。

6）在"卷区格式化"对话框中输入与选择适当的设置值，单击"下一步"按钮。

7）系统开始创建和格式化跨区卷，完成后如图 4.22 所示。

图 4.22

由图 4.22 可以看出，跨区卷 I 可以由不同磁盘的不同空间容量组成，在删除跨区卷的时候，两个磁盘上的卷同时被删除。

7. 创建带区卷

与跨区卷类似，带区卷也是由多个磁盘空间组成，但与跨区卷不同的是，每个组成带区卷的空间容量必须是相同的。

创建带区卷

创建带区卷前要注意以下事项：

➢ 可以从 2～32 个磁盘中分别选用未指派空间来组成带区卷，至少需要 2 个磁盘。

➢ 组成带区卷的空间容量必须相同。

➢ 系统卷和引导卷不能组成带区卷。

➢ 带区卷建好后，无法再扩大。

➢ 带区卷可以被格式化为 FAT16、FAT32 或 NTFS 格式。

➢ 带区卷使用的是 RAID-0 技术。

➢ 带区卷没有容错功能，任一磁盘发生故障，整个带区卷内的数据将会全部丢失。

带区卷的创建过程如下：

1）删除建立的跨区卷，如图 4.23 所示，右击"磁盘 2"的未分配区，在弹出的快捷菜单中选择"新建带区卷"命令。

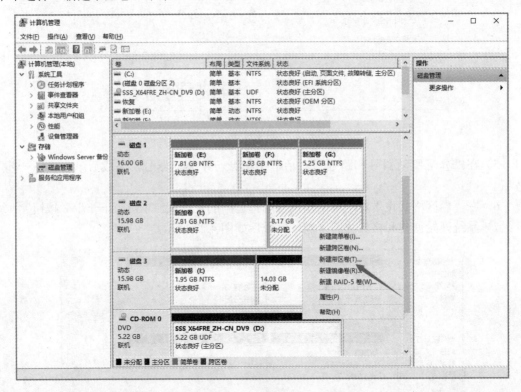

图 4.23

2）弹出"欢迎使用新建带区卷向导"对话框时，直接单击"下一步"按钮。

3）如图 4.24 所示，通过"添加"按钮选择"磁盘 2"和"磁盘 3"，在"选择空间量"中设置容量大小，两个磁盘只能选择相同的容量，设置完成后可在"卷大小总数"中看到总容量，单击"下一步"按钮继续。

4）接下来就是设置驱动器号和确定格式化时的文件系统，这些设置与前面的操作类似，可参照前面的内容来设置。

5）完成后结果如图 4.25 所示。

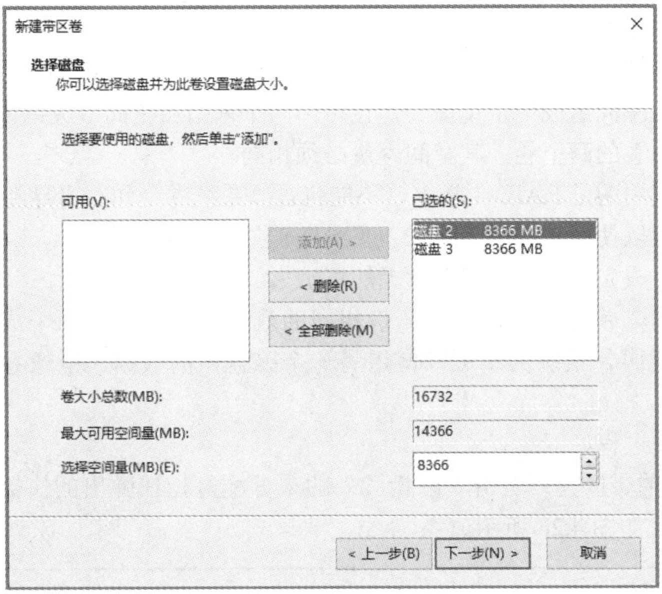

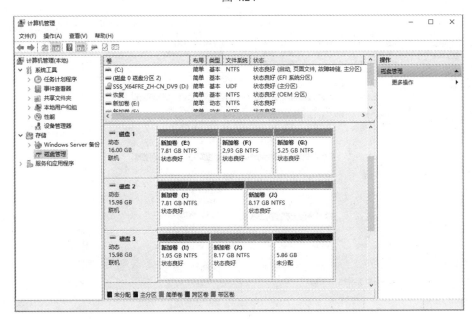

图 4.24

图 4.25

由图 4.25 可以看出，带区卷 J 的物理空间是分布在两个磁盘上的，且每个磁盘所占用的空间是相同的，在删除带区卷的时候，两个磁盘上的卷同时被删除。

8. 创建镜像卷

镜像卷具有容错功能，其由分布在两个磁盘上大小一样的空间组成，这两个空间所存储的数据是完全相同的，当有一个磁盘发生故障时，系统仍然可以使用另一个正常磁盘内的数据，因此镜像卷具有容错的能力。

创建镜像卷

镜像卷具有以下特点：

➢ 只能在两个磁盘上组成镜像卷，用户可通过一个磁盘上的简单卷和另一个磁盘上的未分配空间组成一个镜像卷，也可由两个未指派空间组成镜像卷。

➢ 组成镜像卷的两个卷，其空间容量必须相同。

➢ 镜像卷使用的是 RAID-1 技术，不能包含"系统卷"和"引导卷"。

➢ 镜像卷可以使用 FAT16、FAT32 或 NTFS 文件系统。

➢ 镜像卷组成完成后，空间容量无法再扩大。

➢ 数据在写入镜像卷时，会将一份相同的数据同时存储到两个成员中，其中之一发生故障时，系统仍然可以使用另一个磁盘内的数据。镜像卷的空间利用率只有 50%。

镜像卷的创建过程如下：

1）删除建立的带区卷，右击"磁盘 2"的未分配区，在弹出的快捷菜单中选择"新建镜像卷"命令，如图 4.26 所示。

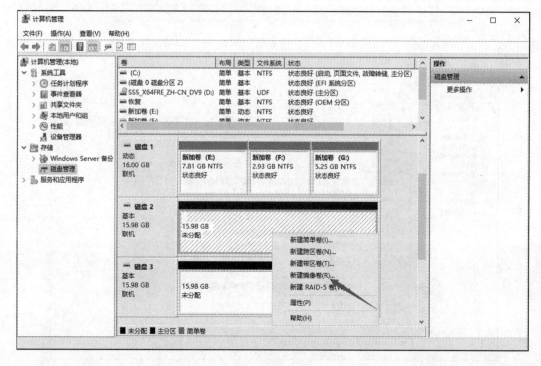

图 4.26

2）在弹出的"欢迎使用新建镜像卷向导"对话框中直接单击"下一步"按钮。

3）如图 4.27 所示，通过"添加"按钮选择"磁盘 2"和"磁盘 3"，在"选择空间量"选项中设置容量大小，设置完成后可在"卷大小总数"中看到总容量，两个磁盘的容量是相同的，且总容量只是一个磁盘的容量，单击"下一步"按钮。

4）接着设置驱动器号和确定格式化时的文件系统，这些设置可参考前面的内容。

5）完成后的结果如图 4.28 所示。

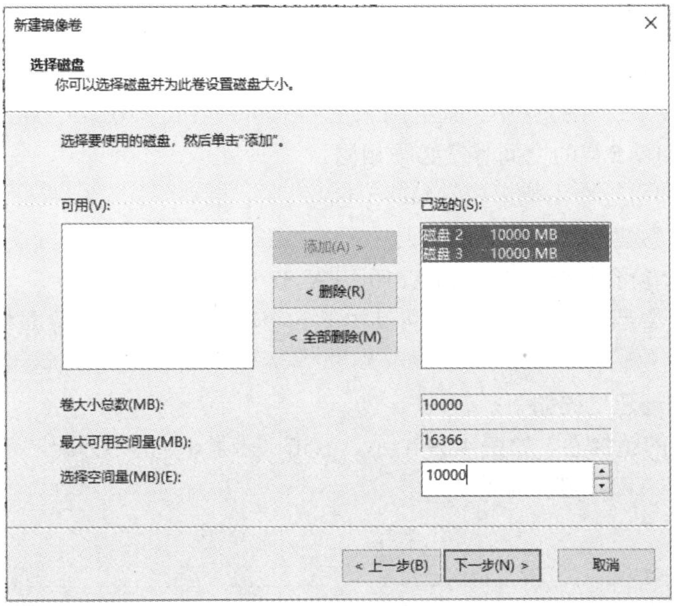

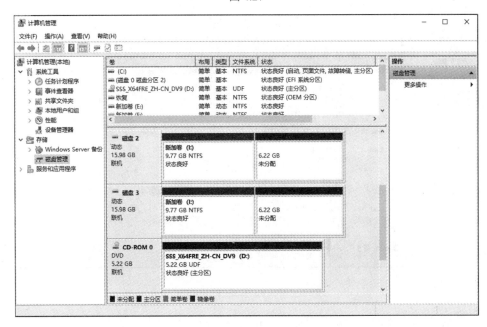

图 4.27

图 4.28

由图 4.28 可以看出，镜像卷的物理空间分别位于"磁盘 2"和"磁盘 3"上，每个磁盘上的空间容量都与总容量相同，而不是每个磁盘容量的相加，且在删除镜像卷时，两个磁盘上的卷会被同时删除。

9. 创建 RAID-5 卷

RAID-5 卷提供了容错能力，与带区卷类似，它也是将多个分别位于不

创建 RAID-5 卷

同磁盘的未指派空间组合成一个逻辑卷，然后使用一个共同的驱动器号。

RAID-5 卷具有以下特点：

➢ 可以从 3～32 个磁盘中分别选用未指派空间来组成 RAID-5，至少需要 3 个磁盘。

➢ 组成 RAID-5 卷的空间容量必须相同。

➢ 系统卷和引导卷不能组成 RAID-5 卷。

➢ RAID-5 卷建好后，无法再扩大。

➢ RAID-5 卷可以被格式化为 FAT16、FAT32 或 NTFS 格式。

➢ RAID-5 卷是一个整体，无法将其中的一个成员独立出来，除非将整个 RAID-5 卷删除。

RAID-5 卷的创建过程如下：

1）删除建立的镜像卷，如图 4.29 所示，右击"磁盘 1"的未分配区，在弹出的快捷菜单中选择"新建 RAID-5 卷"命令。

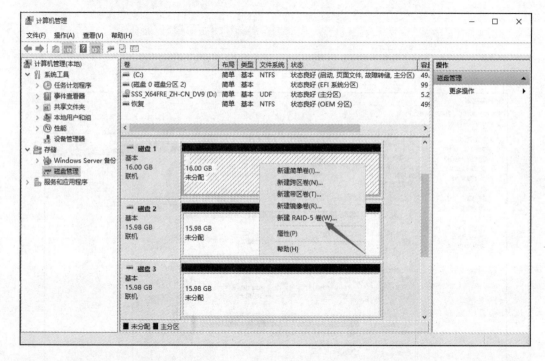

图 4.29

2）在弹出的"欢迎使用新建 RAID-5 卷向导"对话框中直接单击"下一步"按钮。

3）在图 4.30 中，通过"添加"按钮选择"磁盘 1""磁盘 2""磁盘 3"，在"选择空间量"选项中设置容量大小，设置完成后可在"卷大小总数"选项中看到总容量，可以看到，卷总容量为 3 个磁盘所选择容量的总和，单击"下一步"按钮。

4）接着设置驱动器号和确定格式化时的文件系统，这些设置可参考前面的内容。

5）完成后的结果如图 4.31 所示。

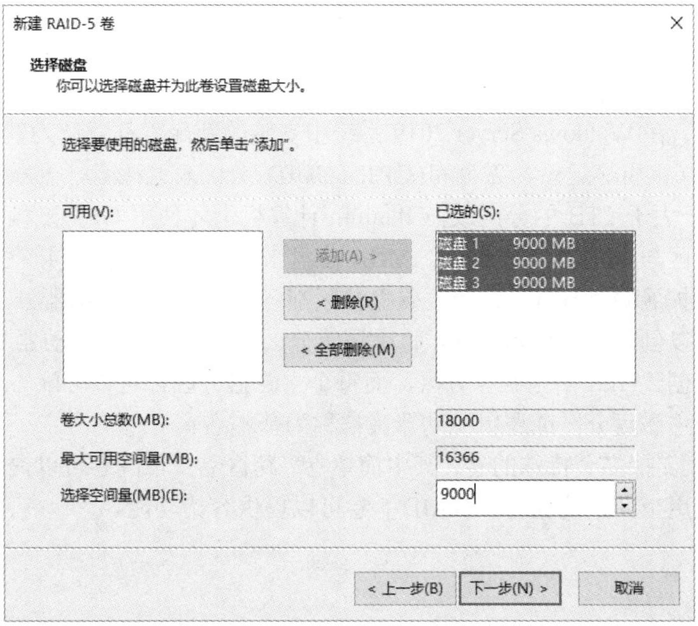

图 4.30

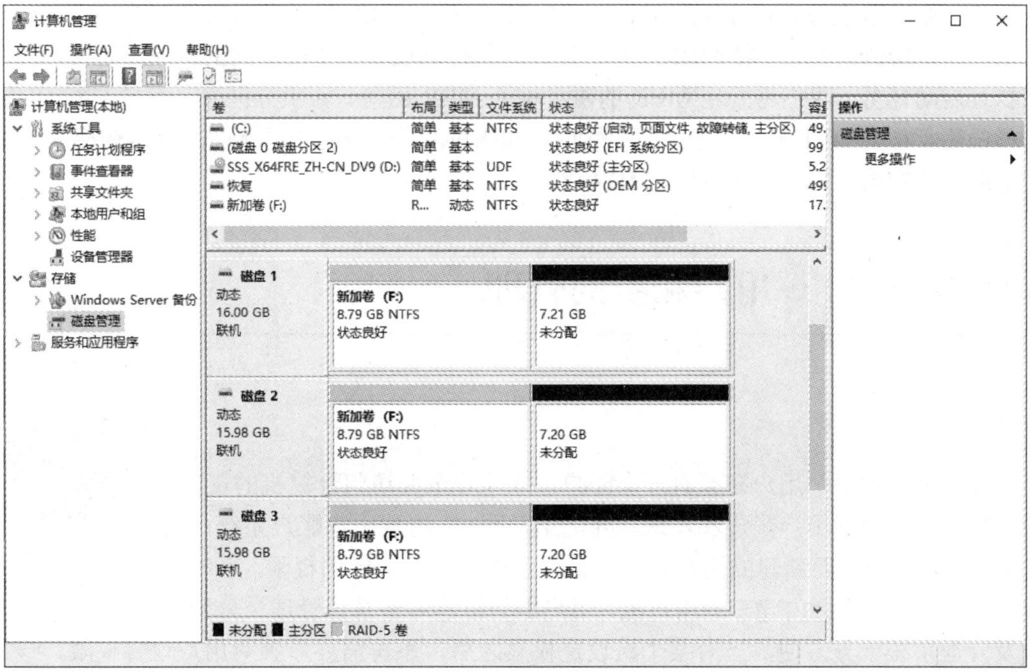

图 4.31

由图 4.31 可以看出，3 个磁盘上的空间容量都相同，在删除 RAID-5 卷时，3 个磁盘的卷会被同时删除。

【相关知识】

1）在计算机系统中，所有的数据都保存在磁盘上，所以磁盘的管理在整个系统中处于十分重要的地位。在 Windows Server 2019 系统中安装的新磁盘都默认为基本磁盘。基本磁盘可分为 MBR（主引导记录）磁盘和 GPT（GUID 分区表）磁盘，一般所说的磁盘是指 MBR 磁盘，对于大于 2TB 的分区或在 Itanium 计算机上才使用 GPT 磁盘。基本磁盘使用前必须要进行分区与格式化，对于一个 MBR 磁盘来说，最多可创建 4 个主分区或 3 个主磁盘分区和 1 个扩展磁盘分区，每个主磁盘分区都可以分配一个驱动器号，例如 C、D 等，每个扩展分区可以创建多个逻辑分区，每个逻辑分区可以分配一个驱动器号。一个 GPT 磁盘内，最多可以创建 128 个主磁盘分区，而每个主磁盘分区都可以分配一个驱动器号。每个磁盘内的每个主磁盘分区或逻辑驱动器又被称为基本卷。

2）动态磁盘支持多个特殊的卷，其中简单卷、跨区卷、带区卷可以提高系统的访问效率和扩大磁盘使用空间，镜像卷和 RAID-5 卷可以提供容错功能。

【拓展提高】

在磁盘内有一个区域是用来存放分区表的，是存放磁盘分区相关数据的区域，如磁盘分区的起始地址、结束地址、是否为活动磁盘分区等信息，如果用户使用的是基于×86 的计算机，则分区表被存储在主引导记录（MBR）内，MBR 位于硬盘的第一个扇区，计算机启动时，BIOS 会先读取 MBR，并将计算机的控制权交给 MBR 内的程序，之后由该程序执行启动任务，我们将采用 MBR 的磁盘称为 MBR 磁盘。如果分区表是存储在 GPT 内，这样的磁盘称为 GPT 磁盘。我们可以利用 DISKPART 命令将空的 MBR 磁盘转换成 GPT 磁盘或者将空的 GPT 磁盘转换成 MBR 磁盘。

任务 4.2 用户和组的管理

【任务说明】

计算机上的每个用户必须有一个账户，才能登录并访问计算机的资源。用户账户包括内置用户账户和本地新建的用户账户，内置用户账户系统已分配有一定的权限，而新建的用户账户需系统管理员分配一定的权限。系统安装完成后，系统也会内建一些用户组，用户组的组建对于系统管理员分配权限及管理系统十分方便，当对某个组设定权限之后，不再需要单独对用户设置权限，该组内的所有用户都会自动拥有该权限。

用户和组的管理

【任务目标】

创建和管理本地用户账户和组是系统管理员的基本职能。本地用户和组的管理主要包含以下内容：

1）内置本地用户账户和组。

2）创建和删除本地用户账户和组。

3）添加到组。

4）重设密码。

5）禁用或启用本地用户账户。

【任务实现】

1. 内置本地用户账户和组

（1）内置本地用户账户

当 Windows Server 2019 安装完成后，会自动创建一些内置的用户账户，如图 4.32 所示。

图 4.32

其中最主要的用户账户有以下两个。

➢ Administrator（系统管理员）：该账户拥有最高的权限，使用该账户可以管理整台计算机的设置，如创建/更改/删除用户与组账户、设置安全策略、创建打印服务、设置用户权限等。从安全角度考虑，该账户可以更名，但无法删除。

➢ Guest（客户）：该账户是供用户临时使用的账户，如提供给偶尔需要登录的用户使用，这个用户只具备极少量的用户权限。它可以更名，但无法删除，且默认情况下，该用户是被禁用的。

本地账户是在非域控制器的计算机上创建的用户账户，这些账户存储在本地的数据库内。本地账户只能在本地计算机中使用，只能访问本地计算机中的资源，不能访问网络上的资源。

（2）内置用户组

当 Windows Server 2019 安装完成后，会自动创建一些内置的用户组，较典型的用户组有 Administrators 组、Guests 组和 Users 组，如图 4.33 所示。

➢ Administrators 组：属于该组的成员都具备系统管理员的权限，拥有对这台计算机最大的控制权，能够执行整台计算机的管理任务。内置的系统管理员账户 Administrator 就是本组的成员，且无法将其从该组中删除。

➢ Guests 组：属于该组的成员默认情况下是 Guest 用户账户，该组账户提供给没有用户账户但需要访问本地计算机资源的用户使用。

➤ Users 组：属于该组的成员只拥有一些基本的权利，所有添加的本地用户账户都自动属于该组。

图 4.33

2. 创建、删除本地用户账户和组

（1）创建本地用户账户，如 TONY 用户账户

本地用户账户是在非域控制器的计算机上创建的用户账户，这些账户存储在本地的数据库内。本地用户账户只能在本地计算机中使用，只能访问本地计算机中的资源，不能访问网络上的资源。

创建过程如下：

1）在"计算机管理"界面中，选择"本地用户和组"→"用户"选项，在中间窗格的空白处右击，在弹出的快捷菜单中选择"新用户"命令，如图 4.34 所示。

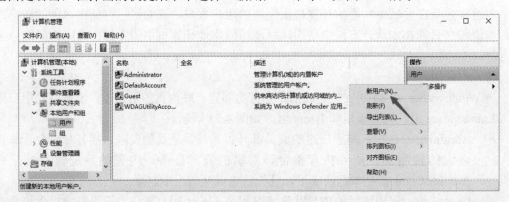

图 4.34

2）打开"新用户"对话框，设置"用户名"为"TONY"，"全名"为"TONY"，"描述"为"用户"，并设置密码等相关信息，选中"用户不能更改密码"和"密码永不过期"复选框，然后单击"创建"按钮，如图 4.35 所示，这样 TONY 用户就建好了。

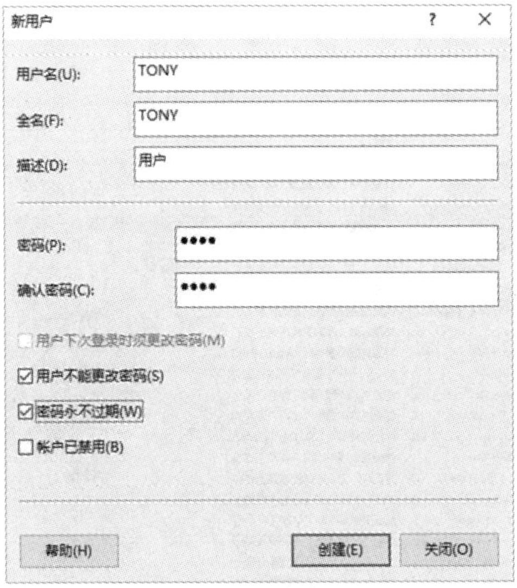

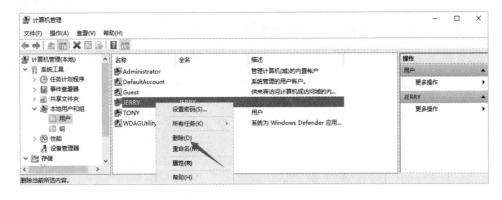

图 4.35

在 Windows Server 2019 中，用户密码不能超过 127 个字符，为安全起见，最好使用复杂性密码。

复杂性密码是指用户所输入的密码必须至少有 7 个字符，并且不可包含用户账户名称的全部或部分文字，还要至少包含 A～Z、a～z、0～9、非字母数字等 4 组字符中的 3 组，这些设置是通过"组策略"进行的。

可以利用新建的用户进行登录测试。

如要删除某一个用户，在图 4.36 中单击选中用户后右击，在弹出的快捷菜单中选择"删除"命令即可。

图 4.36

（2）创建本地用户组，如 TOM 用户组

本地组是在非域控制器的计算机上创建的组，这些账户存储在本地的数据库内。本地

组只能在本地计算机中使用，只能访问本地计算机中的资源，不能访问网络上的资源。

创建过程如下：

1）在"计算机管理"界面中，选择"本地用户和组"→"组"选项，在中间窗格的空白处右击，在弹出的快捷菜单中选择"新建组"命令，如图 4.37 所示。

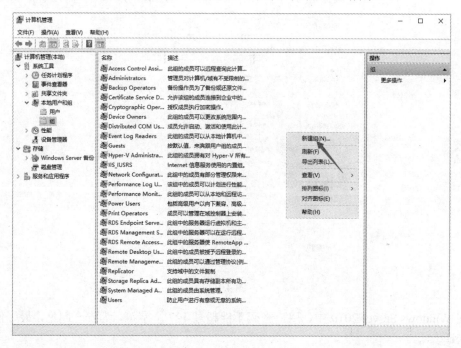

图 4.37

2）打开"新建组"对话框，设置"组名"为"TOM"，"描述"为"TOM 组的成员属于计算机科"，先不添加成员，然后单击"创建"按钮，如图 4.38 所示，这样 TOM 用户组就建好了。

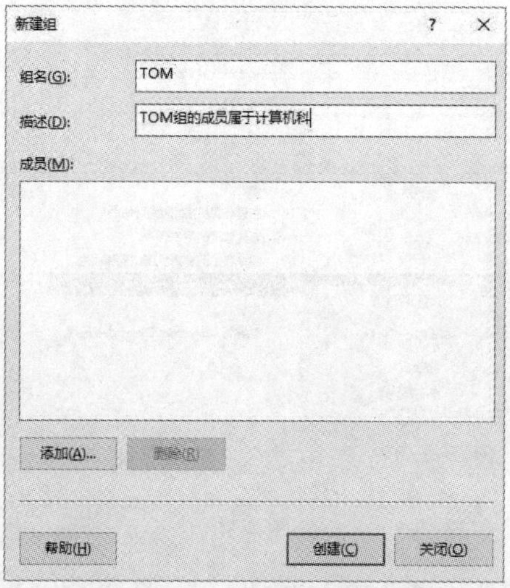

图 4.38

如要删除某一个组，选择该组后右击，在弹出的快捷菜单中选择"删除"命令即可。

3. 将本地用户添加到组

用户创建完成后，可以将其添加到用户组中以便分配权限，下面将 TONY 用户添加到系统管理员组和 TOM 组，有以下两种方法。

方法一：

打开"计算机管理"界面，选择"本地用户和组"→"用户"选项，然后在中间窗格中双击用户 TONY，打开"TONY 属性"对话框，选择"隶属于"选项卡，单击"添加"按钮，在弹出的对话框中单击"高级"按钮，然后单击"立即查找"按钮，选择 Administrators 组和 TOM 组，单击"确定"按钮，回到"TONY 属性"对话框，再次单击"确定"按钮，此时 TONY 用户便拥有了本地系统管理员的权限和 TOM 组的权限，如图 4.39 所示。

图 4.39

方法二：

打开"计算机管理"界面，选择"本地用户和组"→"组"选项，然后在中间窗格中双击用户组 TOM，打开"TOM 属性"对话框，单击"添加"按钮，在弹出的对话框中单击"高级"按钮，然后单击"立即查找"按钮，选择 TONY 用户，单击"确定"按钮，回到"TOM 属性"对话框，可以看到 TONY 用户已是 TOM 组的成员，再次单击"确定"按钮即可，如图 4.40 所示。

图 4.40

4. 重设密码

从安全角度考虑，需要定期重新设置密码，如要更改 TONY 用户的密码，设置方法如下：

选中 TONY 用户后右击，在弹出的快捷菜单中选择"设置密码"命令或选择"所有任务"→"设置密码"命令，如图 4.41 所示，在弹出的对话框中单击"继续"按钮，输入新密码，然后单击"确定"按钮即可。

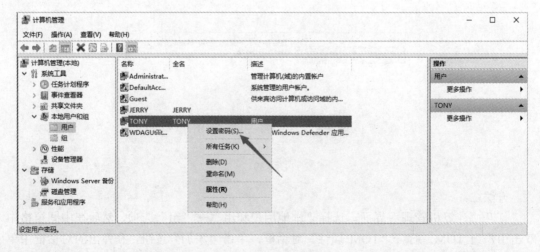

图 4.41

5. 禁用或启用本地用户账户

系统默认情况下，会禁用 Guest 账户，如有需要则可以启用 Guest 账户，方法如下：

1）打开"计算机管理"界面，选择"本地用户和组"→"用户"选项，然后选择 Guest 账户并右击，在弹出的快捷菜单中选择"属性"命令，打开"Guest 属性"对话框，选择"常规"选项卡，取消选中"账户已禁用"复选框，分别单击"应用"和"确定"按钮，如图 4.42 所示。

图 4.42

2）如果要禁用或启用普通用户账户，方法类似。

【相关知识】

本地用户账户是创建在独立服务器或成员服务器的"本地安全账户数据库"内的账户，用户可以利用本地用户账户登录到该账户所在的计算机，但这个账户只能够访问这台计算机内的资源，无法访问网络上的资源，如果要访问其他计算机内的资源，则必须输入其他计算机内的账户名称与密码。本地用户账户只存在于这台计算机内，它们不会被复制到其他计算机的"本地安全账户数据库"内。当用户利用本地用户账户登录时，由这台计算机利用其中的"本地安全账户数据库"来检查账户名称与密码是否正确。

本地组是创建在独立服务器或成员服务器内的组，这些组账户存储在"本地安全账户数据库"内。本地组只能够在本地计算机中使用，只能访问本地计算机资源，无法为其他计算机内的本地组设置权限，其他计算机也无法为该计算机内的本地用户账户设置权限。

【拓展提高】

在 Windows 系统中，本地用户和组是极其重要的，因为要管理和使用系统，都要先进入系统，而进入系统，当然少不了用户，所以对用户的有效管理就很重要。在"命令提示符"窗口中管理与操作用户和组，如果使用熟练，比图形界面的速度更快。net user 和 net localgroup 是两个经常用到的命令，下面介绍一些基本使用方法。

1. 查看计算机中的用户账户

在"命令提示符"窗口中输入"net user"，按 Enter 键，就可以显示出该计算机上的用户账户。

2. 创建用户

在"命令提示符"窗口中输入命令"net user abc 123 /add"，即可新建一个名为 abc、密码为 123 的新账户；如果不需要密码，则使用命令"net user abc /add"；如果要更改密码，则使用命令"net user abc 456/add"。

3. 删除用户

在"命令提示符"窗口中输入命令"net user abc/DEL"即可删除用户 abc。

4. 加入/退出组和新建/删除组

在"命令提示符"窗口中，如果要把 abc 加入管理员组（默认 Administrators 组），则使用命令"net localgroup administrators abc/add"；如果要把 abc 账户退出管理员组，则使用命令"net localgroup administrators abc /del"；如果要新建组，则使用命令"net localgroup admin/add"；如果要删除组，则使用命令"net localgroup admin /del"。

5. 停用和启用账户

在"命令提示符"窗口中，如果要停用 abc 账户，则使用命令"net user abc /active:no"；如果要启用 abc 账户，则使用命令"net user abc /active:yes"。

任务 4.3 │ 共享管理

【任务说明】

网络资源共享是网络的基本服务，而共享文件夹的设置是前提。在 Windows Server 2019 中共享文件夹有两种方法，而共享文件夹的访问一般有 3 种方法。另外，还可以隐藏共享文件夹及设置共享文件夹的访问权限。

【任务目标】

要建立共享文件夹，首先要启用共享服务，然后建立共享文件夹；在建立时要注意共享权限的分配、多重共享建立的方法以及如何隐藏共享；建立之后，要进行验证，通过网络来访问所设置的共享文件夹，并且要掌握访问共享的 3 种方法。

【任务实现】

1. 新建共享文件夹

启用文件
共享服务

要新建共享文件夹让别人能够访问，首先要查看是否启用了文件共享服务。可以使用如下方法进行查看。

选择"开始"→"Windows 系统"→"控制面板"→"网络和共享中心"→"更改高级共享设置"，在打开的窗口中便可以查看文件共享是否启用，如果没有启用，则选中"启用文件和打印机共享"单选按钮，然后单击"保存更改"按钮即可，如图 4.43 所示。

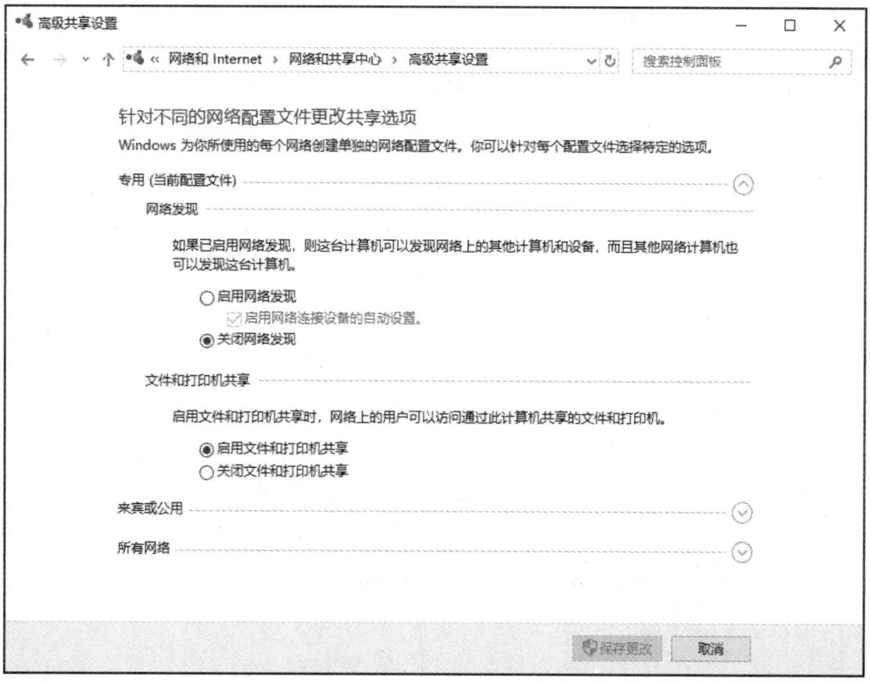

图 4.43

启用文件共享服务之后，便可以开始创建共享文件夹，有以下两种创建共享文件夹的方法。

创建共享
文件夹方法一

方法一：

1）双击桌面上的"此电脑"图标，打开"此电脑"窗口，再双击 D 盘盘标，可看到 D 盘目录，右击 tools 文件夹，在弹出的快捷菜单中选择"授予访问权限"→"特定用户"命令，如图 4.44 所示。

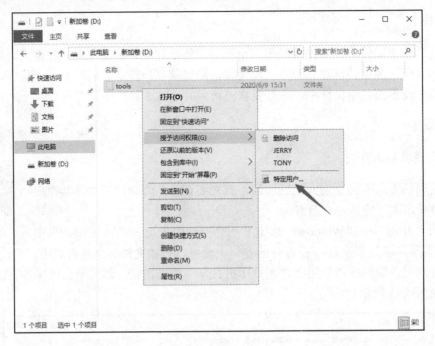

图 4.44

2）打开"网络访问"窗口，在其中可输入有权共享的用户或用户组名称，也可以通过单击右侧的下拉箭头选择用户组或用户，如图 4.45 所示。

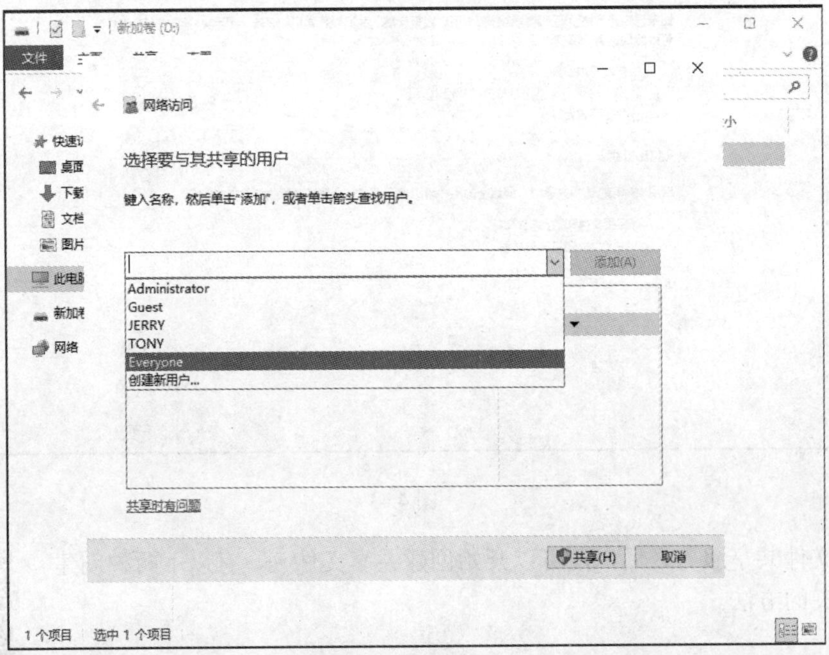

图 4.45

3）这里选择共享的用户组为 Everyone，然后单击"共享"按钮。

4）在图 4.46 所示的窗口中单击"完成"按钮，即可完成共享文件夹的创建。

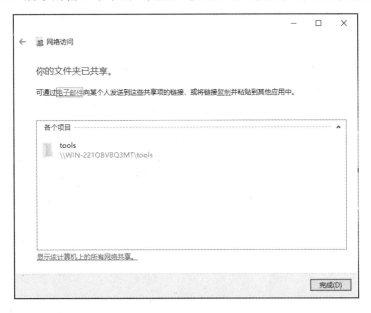

图 4.46

创建共享
文件夹方法二

方法二：

1）打开"计算机管理"窗口，选择"系统工具"→"共享文件夹"→"共享"选项，可以看到系统默认的共享和已设置好的共享文件夹。

2）在中间窗格空白处右击，选择"新建共享"命令，如图 4.47 所示。

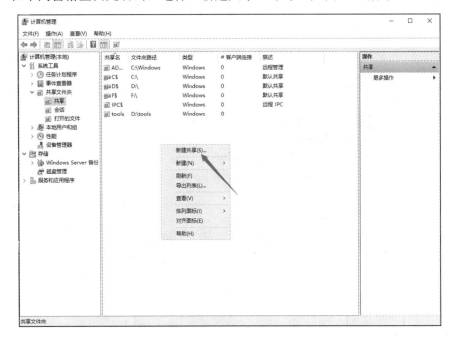

图 4.47

3）在弹出的"欢迎使用创建共享文件夹向导"对话框中直接单击"下一步"按钮。

4）在"文件夹路径"对话框中单击"浏览"按钮选择共享目录，如图 4.48 所示，然后单击"下一步"按钮。

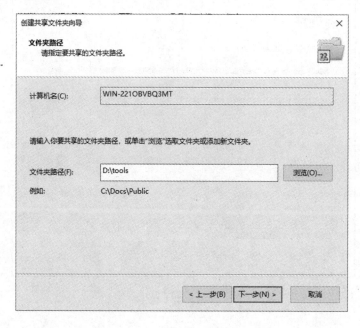

图 4.48

5）在"名称、描述和设置"对话框中输入共享名"tools"等信息，单击"下一步"按钮。

6）在图 4.49 所示的对话框中选中"所有用户有只读访问权限"单选按钮，单击"完成"按钮，共享成功。

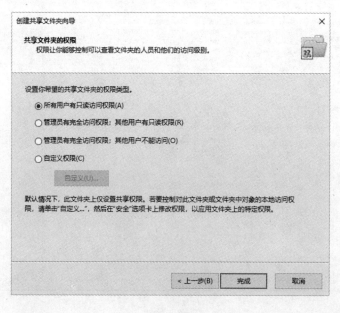

图 4.49

2. 管理、隐藏共享文件夹

默认情况下，文件夹的共享名就是文件夹的名称，而在网络中，每个共享文件夹可以有一个或多个共享名，每个共享名都可以设置不同的共享权限。

如果要更改共享名或添加共享名，则可进行如下操作。

1）右击共享文件夹 tools，在弹出的快捷菜单中选择"属性"命令，在弹出的"tools 属性"对话框中选择"共享"选项卡，如图 4.50 所示。

添加共享名

2）单击"高级共享"按钮，在弹出的对话框中单击"添加"按钮，如图 4.51 所示。

图 4.50

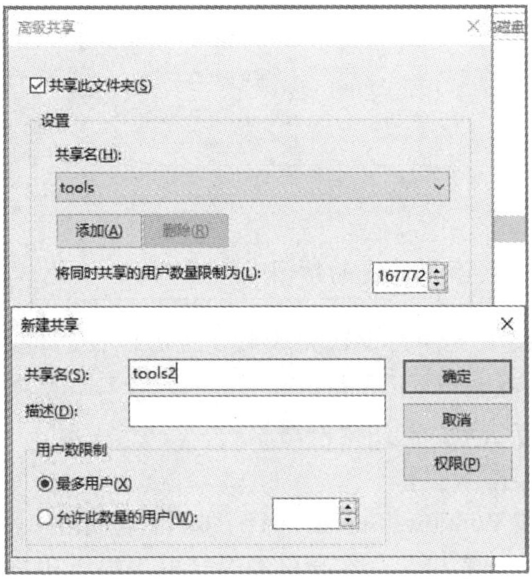

图 4.51

3）在弹出的"新建共享"对话框中输入新建的共享名"tools2"，单击"确定"按钮，如图 4.52 所示。

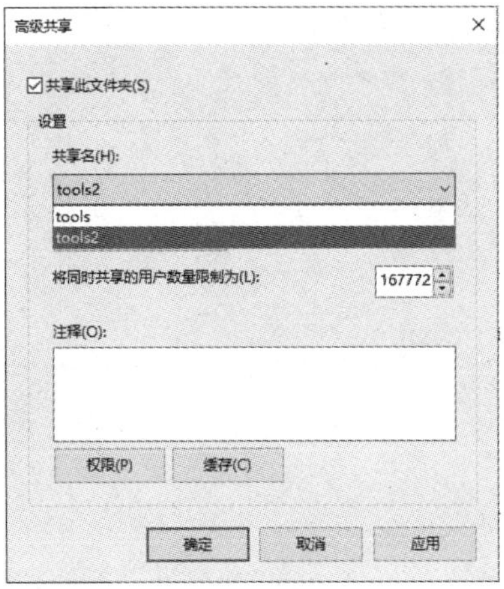

图 4.52

如果要对某共享文件夹更改共享权限，则在图4.52中单击"权限"按钮，可以设置新的共享访问权限。

若要更改共享名，首先新建一个新的共享名，然后将前一个共享名删除即可。

如果要隐藏共享文件夹，则应设置共享名的最后一个字符为"$"，如图4.53所示，将共享名"tools"改为"tools$"，则用户在"网络"中便看不到该共享文件夹。

隐藏共享文件夹

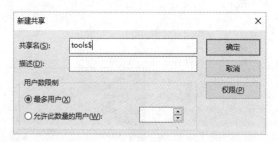

图 4.53

3. 共享文件夹的访问

共享文件夹设置完成后，就可以在其他计算机上对其进行访问，访问的方法有以下几种。

方法一：利用"网络"

操作步骤如下：

利用"网络"访问
共享文件夹

在 Windows Server 2019 的桌面上双击"网络"图标，在打开的"网络"窗口中双击所选择的计算机名，在弹出的对话框中输入用户名和密码即可访问该计算机中的共享资源，如图4.54～图4.56所示。

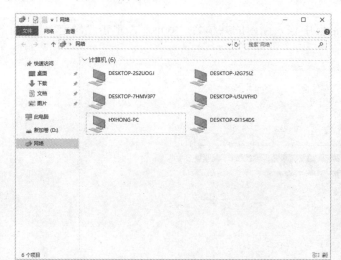

图 4.54   图 4.55

图 4.56

方法二：映射网络驱动器

映射网络驱动器是将网络上某一个共享文件夹当作本地计算机上的一个驱动器来使用，当访问这个共享文件夹时，就像使用本地驱动器一样方便快捷。

映射网络驱动器访问共享文件夹

操作步骤如下：

1）在图 4.57 中找到共享文件夹"系统"并右击，在弹出的快捷菜单中选择"映射网络驱动器"命令。

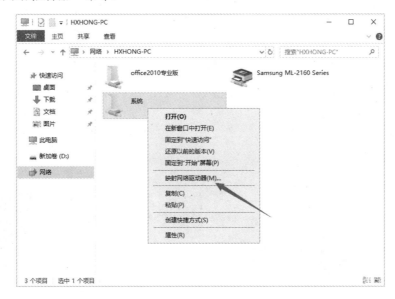

图 4.57

2）在弹出的"映射网络驱动器"对话框中选择驱动器号，如果经常使用该共享文件夹，再选中"登录时重新连接"复选框，这样以后每次登录系统时，系统都会自动利用所指定的驱动器号来连接该共享文件夹，如图 4.58 所示。

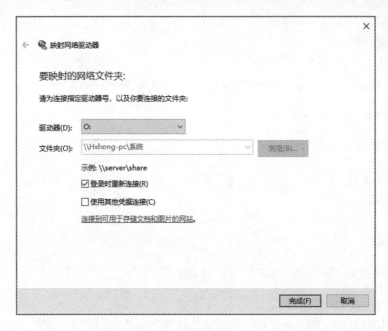

图 4.58

3）单击"完成"按钮，完成"映射网络驱动器"的操作。这时在"此电脑"窗口中便可以看到新增了一个驱动器图标，双击该驱动器图标，便可以打开所连接到的远程计算机的共享文件夹了，如图 4.59 所示。

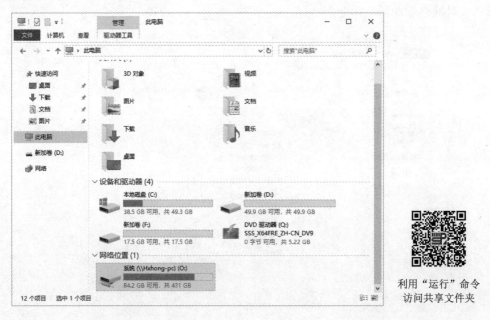

利用"运行"命令
访问共享文件夹

图 4.59

方法三：利用"运行"命令

选择"开始"→"Windows 系统"→"运行"命令，在打开的"运行"对话框中输入共享文件夹路径即可，如图 4.60 所示。

4. 删除共享

如果要删除共享，则可以右击共享文件夹，在弹出的快捷菜单中选择"共享"命令，在弹出的"网络访问"窗口中选择"停止共享"选项，如图 4.61 所示，最后单击"完成"按钮即可。

图 4.60   图 4.61

5. 共享文件夹权限设置

由图 4.62 中可以看出共享权限主要有"完全控制""更改""读取"3 种。

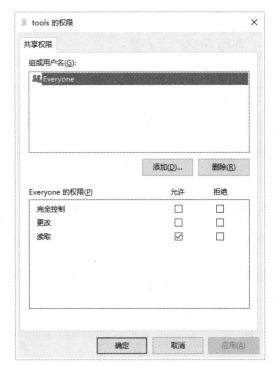

共享文件夹
权限设置

图 4.62

➢ 完全控制：拥有读取和更改权限的所有功能，还具有更改权限的能力。
➢ 更改：拥有读取权限的所有功能，可以新建与删除文件和子文件夹、更改文件夹内的数据。
➢ 读取：可以查看文件夹名与子文件夹名、查看文件夹内的数据及运行程序。

共享文件夹的权限只对通过网络访问此共享文件夹的用户有效，本地登录用户不受此权限的限制。如果共享权限与 NTFS 权限混合使用，最终用户的有效权限是共享权限和 NTFS 权限两者之中最为严格的权限。共享权限也具有累加性和拒绝权限的覆盖性。NTFS 权限的介绍参见项目 5。

【相关知识】

计算机网络的主要功能是资源共享，其中文件夹共享就是网络资源共享的一种主要方式，而共享文件夹的创建与应用都比较方便实现，仅仅将计算机中的文件夹设置为共享文件夹，用户便可以通过网络访问此共享文件夹中的文件、子文件夹等数据，因此在网络中文件夹的共享被广泛应用。

创建共享文件夹的用户必须是属于 Administrators、Powers Users 等用户组的成员，如果共享文件夹位于 NTFS 分区内，则用户至少需要对此文件夹拥有"读取"的 NTFS 权限。

【拓展提高】

共享文件夹的建立与访问也可以用 DOS 命令来实现，常用的命令是 NET USE 和 NET SHARE。

1. 查看所在计算机的所有共享文件夹

在"命令提示符"窗口中输入"NET SHARE"即可。

2. 创建和删除文件共享

如要将 D 盘的 GONGJU 文件夹设置为共享文件夹，且共享名为 TOOLS，则使用命令"NET SHARE TOOLS=D:\GONGJU\"；如要删除此共享，则使用命令"NET SHARE TOOLS /DEL"。

3. 查看共享连接

在"命令提示符"窗口中输入"NET USE"即可。

4. 把共享映射为网络驱动器

如要将共享名为 TOOLS 的共享文件夹映射为 F 盘，则使用命令"NET USE F:\\服务器名或 IP 地址\TOOLS"。

5. 断开网络驱动器

如果要断开网络驱动器 F，则使用命令"NET USE F: /DEL"。

打印机管理

任务 4.4 | 打印机管理

【任务说明】

Windows Server 2019 提供了打印机管理功能，它不但减轻了管理者的负担，还可以让用户方便地管理打印文件。

【任务目标】

在服务器上安装本地打印机，设置共享，然后在客户端通过"添加打印机向导""网络""浏览器""开始/运行/打开/输入 UNC 路径"等方法连接到共享打印机，并能管理打印文件，在服务器端也可以设置打印机的安全权限。

【任务实现】

1. 在服务器端添加本地打印机

在 Windows Server 2019 服务器系统中安装本地打印机的步骤如下：

1）选择"开始"→"Windows 系统"→"控制面板"→"设备和打印机"选项。

2）打开"设备和打印机"窗口，选择"添加打印机"选项。

3）弹出如图 4.63 所示的对话框，选中"通过手动设置添加本地打印机或网络打印机"单选按钮，单击"下一步"按钮。

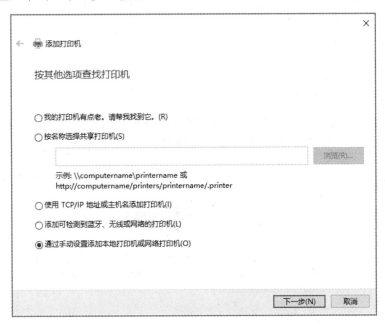

图 4.63

4）打开"选择打印机端口"对话框，选中"使用现有的端口"单选按钮并选择"LPT1：（打印机端口）"选项，单击"下一步"按钮，如图 4.64 所示。

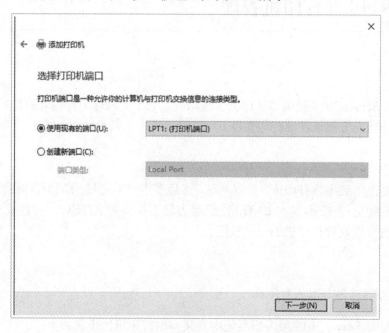

图 4.64

5）打开"安装打印机驱动程序"对话框，选择打印机厂商和型号之后，单击"下一步"按钮，如果没有找到打印机的型号，应提前准备好打印机的驱动，然后单击"从磁盘安装"按钮，这里选择 Microsoft 和 Microsoft IPP Class Driver，如图 4.65 所示，单击"下一步"按钮。

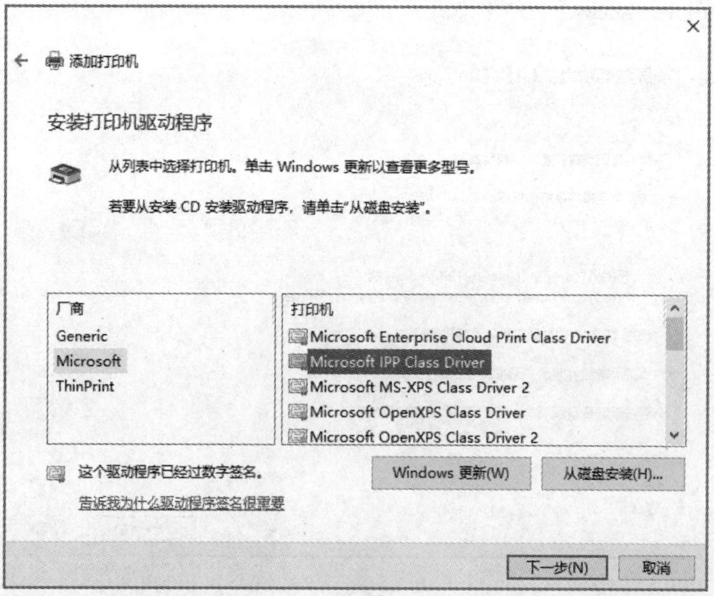

图 4.65

6）在图 4.66 中，输入打印机名称，单击"下一步"按钮。

图 4.66

7）安装过程中会出现"打印机共享"对话框，如图 4.67 所示，选中"共享此打印机以便网络中的其他用户可以找到并使用它"单选按钮，在"共享名称"文本框中输入"Microsoft IPP Class Driver"，单击"下一步"按钮。

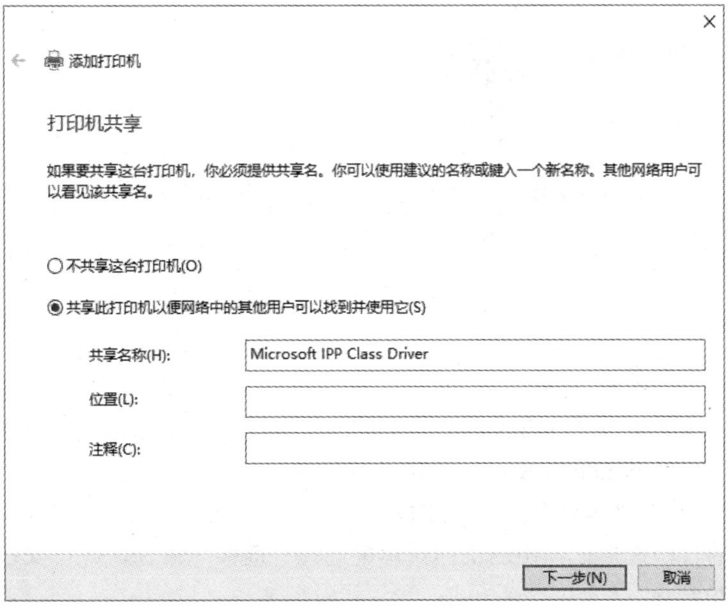

图 4.67

8）在图 4.68 中，可单击"打印测试页"按钮打印测试页，或直接单击"完成"按钮。

图 4.68

9）安装完成后，在"设备和打印机"窗口中可看到打印机 Microsoft IPP Class Driver，如图 4.69 所示。

图 4.69

2. 连接共享打印机

Windows Server 2019 或 Windows 7、Windows 10 的用户可以通过以下 3 步来连接网络共享打印机，下面以 Windows Server 2019 为例进行说明。

1）在桌面上双击"网络"图标，在打开的"网络"窗口中双击共享打印机的计算机，然后右击共享的打印机，在弹出的快捷菜单中选择"连接"命令，即可安装网络打印机的连接，如图 4.70 所示。

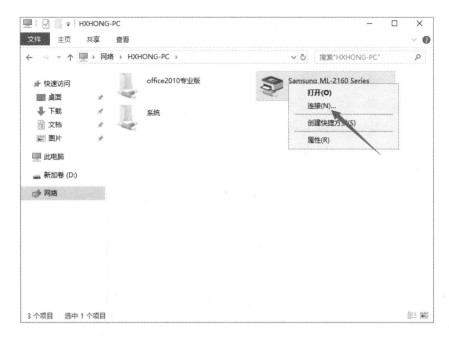

图 4.70

2）选择"开始"→"Windows 系统"→"控制面板"→"设备和打印机"选项，打开"设备和打印机"窗口，选择"添加打印机"选项弹出如图 4.71 所示的对话框，选中"按名称选择共享打印机"单选按钮并输入网络中共享打印机的主机名或 IP 地址，也可单击"浏览"按钮选择对应的打印机。

图 4.71

3）设置完毕后单击"下一步"按钮直到安装成功即可，如图 4.72 所示。

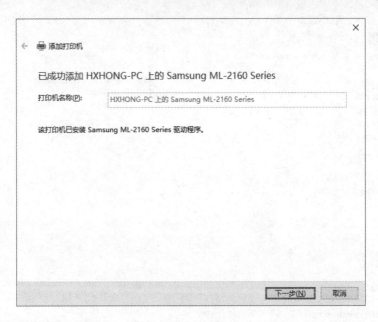

图 4.72

3. 设置打印机的属性

选择已安装好的打印机，右击，选择"属性"命令，可查看本地打印机的属性，其中最主要的是"安全"选项卡，在这里可以设置打印机的使用权限，如图 4.73 所示。

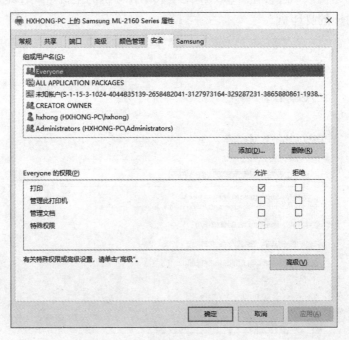

图 4.73

4. 管理打印文档

当打印服务器收到待打印的文档后，这些文档会在打印机内排队等候打印，如果用户具备管理打印机的权限，则可以针对这些文档执行管理的任务，如暂停打印、继续打印、重新开始打印、取消打印等，如图 4.74 所示。

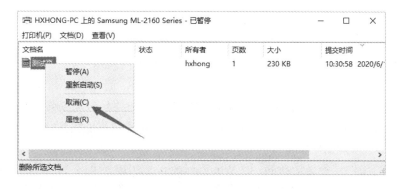

图 4.74

- ➢ 暂停：暂停打印该文档。
- ➢ 继续：继续打印被暂停打印的文档。
- ➢ 重新启动：从第一页开始重新打印。
- ➢ 取消：取消打印该文档。

【相关知识】

在 Windows Server 2019 系统中，"打印设备"是一般常说的打印机，而"打印机"并不是指物理的打印设备，而只是一个逻辑打印机，它是应用程序与打印设备之间的软件接口，用户的打印文件就是通过它来发送给打印设备的。

【拓展提高】

安装好打印机后，还可以根据用户或公司的要求来设置打印机，如设置打印优先级、打印机的打印时间以及打印池等。如果网络中有 Active Directory，也可以将打印机发布到活动目录。

任务 4.5 │ 硬件设备管理

【任务说明】

先安装新设备，再安装新设备的驱动程序，或更新原有硬件设备的驱动程序，如更新驱动程序失败，则可以回滚到原安装程序，对于硬件设备，也可以禁用或启用。

硬件设备管理

【任务目标】

安装新硬件设备及驱动程序，或更新原设备的驱动程序，更新失败后可以回滚到原安装驱动程序，也可以重装驱动程序或禁用、启用设备。

【任务实现】

1. 安装新设备和驱动程序

大部分的情况下，安装硬件设备很简单，只要将硬件设备安装到计算机即可，因为现在大多数硬件设备都支持即插即用（plug and play，PNP），而 Windows Server 2019 的即插即用功能也会自动地检测到所安装的即插即用硬件设备，并且自动安装该设备所需要的驱动程序。如果 Windows Server 2019 能检测出该硬件设备，但不能找到合适的驱动程序，则系统会提示要求提供驱动程序。

如果安装的硬件设备是最新的，而 Windows Server 2019 检测不到这个硬件或这个硬件不支持即插即用，则可以利用"控制面板"中的"添加硬件"向导来安装与设置这个硬件设备。

2. 更新驱动程序

如果要更新某个硬件设备的驱动程序，则可以在"计算机管理"窗口中，选择"设备管理器"选项，在中间窗格右击该设备，在弹出的快捷菜单中选择"更新驱动程序"命令，如图 4.75 所示。

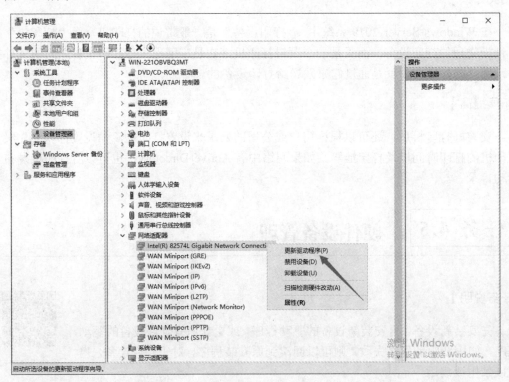

图 4.75

弹出如图 4.76 所示的对话框，根据情况确定新驱动程序的位置，如是联网更新驱动或自动搜索计算机，则选择"自动搜索更新的驱动程序软件"选项；若要指定驱动位置，则选择"浏览我的计算机以查找驱动程序软件"选项，接下来按照提示操作即可。

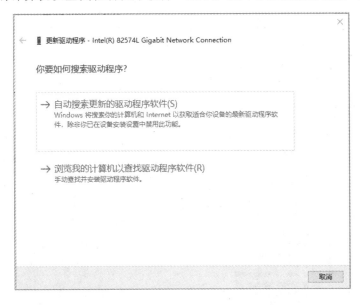

图 4.76

3. 回滚驱动程序

当更新了某个设备的驱动程序后，发现新的驱动程序有问题或不能兼容时，可以恢复到以前的正常驱动程序，这就是"回滚驱动程序"的功能。

在"设备管理器"窗口，选择要回滚驱动的硬件并右击，在弹出的快捷菜单中选择"属性"命令，打开硬件的属性对话框，选择"驱动程序"选项卡，再单击"回退驱动程序"按钮，即可返回到原来的驱动程序，如图 4.77 所示。

图 4.77

4. 卸载、重装驱动程序和禁用所选设备

1）在图 4.77 中，单击"卸载设备"按钮，可将所选硬件的驱动程序卸载。

2）如果要重装驱动程序，则在图 4.78 中选择服务器并右击，在弹出的快捷菜单中选择"扫描检测硬件改动"命令，可重新发现硬件，并自动重新安装驱动程序。

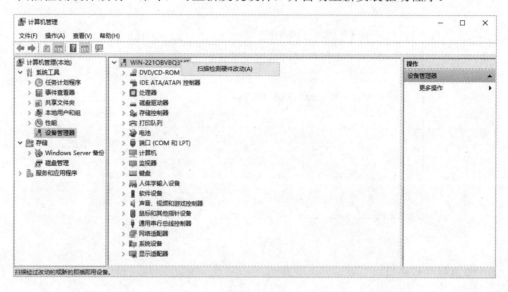

图 4.78

3）在图 4.77 中，单击"禁用设备"按钮，可将所选硬件禁用，如果要启用该硬件，则右击该硬件在弹出的快捷菜单中选择"启用设备"命令即可，如图 4.79 所示。

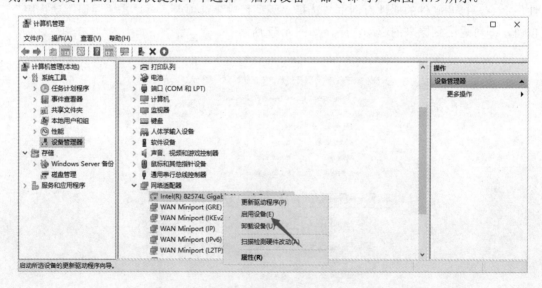

图 4.79

【相关知识】

硬件设备管理单元管理着整个系统的硬件资源，从这里我们可以简单看出计算机的硬

件配置及硬件使用资源情况。设备管理器允许我们完成以下任务：

1）确定计算机上的硬件设备是否工作正常。

2）修改硬件设备配置选项。

3）识别针对各种设备所装载的设备驱动程序并获取每种设备驱动程序的相关信息。

4）修改针对各种设备的高级选项与属性。

5）安装经过更新的驱动程序。

6）禁用、启用或卸载设备。

7）重新安装原先版本的驱动程序。

8）确定设备冲突并手工配置资源设置。

9）打印计算机上所安装的设备摘要信息。

【拓展提高】

操作要求如下：

1）确定设备冲突并手工配置资源设置。

2）修改针对各种设备的高级选项与属性。

3）打印计算机上所安装的设备摘要信息。

任务 4.6 | MMC 管理

【任务说明】

MMC 管理

在 Windows Server 2019 中，控制台的管理是由 MMC（Microsoft management console，微软管理控制台）来完成的，用户可以根据自己的需求来设定和管理控制台。

【任务目标】

首先打开一个空的 MMC 控制台，然后查看一下控制台选项，最后自定义一个控制台管理单元。

【任务实现】

1. 使用 MMC

选择"开始"→"Windows 系统"→"运行"命令，输入"MMC"并单击"确定"按钮，进入 MMC 管理控制台，默认打开的控制台内容是空的，如图 4.80 所示。用户可以根据自己的管理功能的需要，自行添加需要的管理功能。

2. 设置控制台选项

MMC 的设置会以扩展名为.msc 的文件存储下来，该文件称为 MMC 控制台文件。

MMC 控制台窗口如图 4.81 所示，左侧窗格称为控制台树，中间窗格称为详细信息窗格。
MMC 控制台内包含两个重要组件：管理单元和扩展管理单元。如图 4.81 所示，左边窗格
中为管理单元，中间窗格中为扩展管理单元。

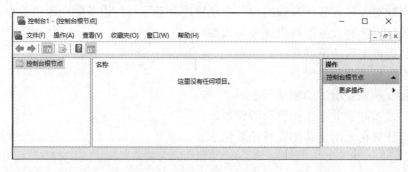

图 4.80

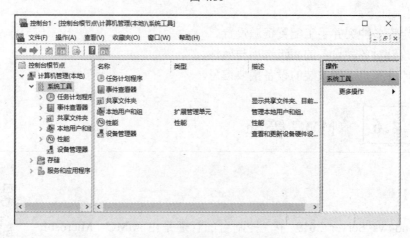

图 4.81

管理单元是通过执行菜单栏中的"文件"→"添加/删除管理单元"命令而形成的，也
可以通过"保存""另存为"等命令保存下来，如图 4.82 所示。

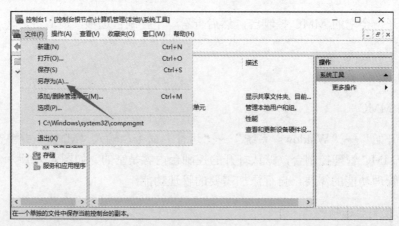

图 4.82

3. 创建自定义 MMC

下面以添加一个包含"计算机管理"管理单元的 MMC 控制台为例，介绍创建自定义 MMC 的步骤。

1）选择"开始"→"Windows 系统"→"运行"命令，输入"MMC"，单击"确定"按钮，打开如图 4.83 所示的窗口，选择"文件"→"添加/删除管理单元"命令。

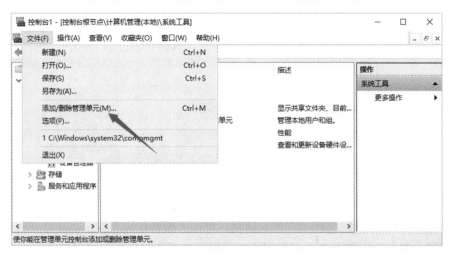

图 4.83

2）弹出如图 4.84 所示的对话框，在"可用的管理单元"列表框中选择"计算机管理"选项，单击"添加"按钮。

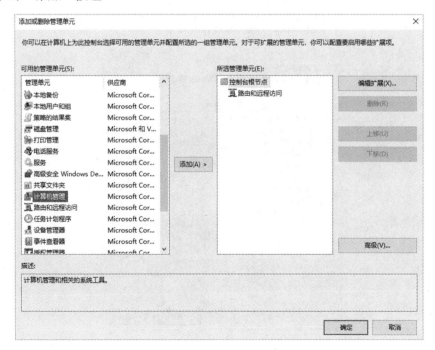

图 4.84

3）弹出如图 4.85 所示的对话框，选中"本地计算机"单选按钮，然后分别单击"完成"按钮和"关闭"按钮。

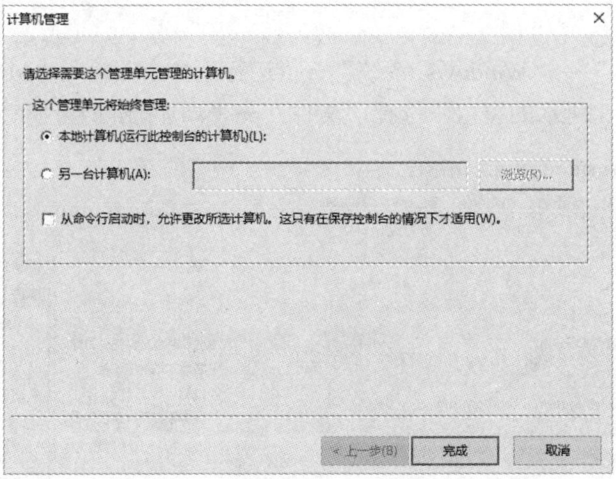

图 4.85

4）回到"添加或删除管理单元"对话框，单击"编辑扩展"按钮，在打开的"计算机管理的扩展"对话框中选中"始终启用所有可用的扩展"单选按钮，如图 4.86 所示。

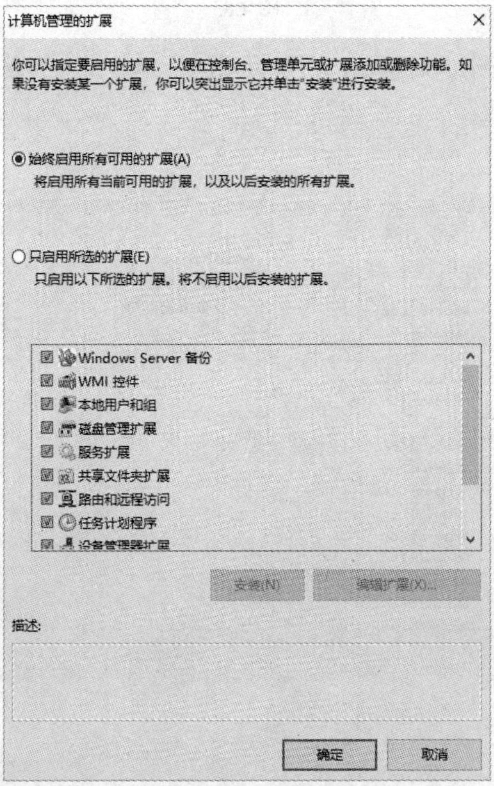

图 4.86

5）回到 MMC 主窗口，选择"文件"→"保存"命令，将该 MMC 控制台设置保存起来，默认文件名为"控制台 1.msc"，且可以通过选择"开始"→"Windows 管理工具"命令打开和使用该控制台。

【相关知识】

MMC 可让系统管理员创建更灵活的用户界面和自定义管理工具，将日常系统管理任务集中并加以简化。它将许多工具集成在一起并以控制台的形式显示。这些管理工具用来管理硬件、软件和 Windows 系统的网络组件，它是一个集成的管理工具。

【拓展提高】

使用 MMC，还可以管理网络上的其他计算机，管理的前提是：
1）要拥有管理计算机的相应权限。
2）在本地计算机上有相应的 MMC 插件。
操作要求如下：
1）尝试使用 MMC 控制台来管理 DCHP 服务器、DNS 服务器和 IIS 服务器。
2）尝试使用 MMC 控制台来远程管理另一台计算机上的"设备管理器"和"磁盘管理"。

项目实训

【实训说明】

某公司为了实现办公自动化，需要组建网络服务中心，因此要构建网络服务器，要求有客户机能够让员工使用，且服务器能提供基本的文件存储、文件共享和文件打印等服务。

【实训要求】

1. 磁盘管理实训

1）基本磁盘的操作。
➢ 基本磁盘的分区和格式化：对"磁盘 1"进行操作，将 16GB 的磁盘进行分区，主分区为 8GB，分区后并进行格式化，文件系统选择 NTFS。
➢ 创建扩展磁盘分区、逻辑分区和删除卷：利用 DISKPART 命令为"磁盘 1"中未分配的空间创建扩展磁盘分区，大小为 3GB，并创建逻辑分区，分配一个驱动器号 G。
2）动态磁盘的操作。
➢ 转换为动态磁盘：将"磁盘 1""磁盘 2""磁盘 3"转换为动态磁盘。
➢ 创建简单卷：对"磁盘 1"未分配的空间创建简单卷，分配驱动器号 H 并格式化为 NTFS 文件系统，并扩展 G 盘的容量，将"磁盘 1"所剩空间全部添加给 G 盘。
➢ 创建跨区卷：将"磁盘 2"和"磁盘 3"作为操作对象，创建跨区卷，要求在"磁盘 1"中取 3GB 空间，在"磁盘 3"中取 5GB 空间，创建一个总容量为 8GB 的跨区卷，分配驱动器号 M，并格式化此卷。

➢ 创建带区卷：利用"磁盘 2"和"磁盘 3"的未分配磁盘空间，创建一个总容量为 8GB 的带区卷，分配驱动器号 M，并格式化。

➢ 创建镜像卷：删除"磁盘 2"和"磁盘 3"上的卷，创建一个总容量为 10GB 的镜像卷，分配驱动器号 P 并格式化，复制约 3GB 的内容到该卷，查看效果。

➢ 创建 RAID-5 卷：删除"磁盘 1""磁盘 2""磁盘 3"上所有的卷，创建一个 8GB 的 RAID-5 卷，分配驱动器号 K 并格式化该卷，复制约 3GB 的内容到该卷，查看效果，并与镜像卷比较，看哪一个卷的存取速度快。

2. 本地用户账户和组的管理实训

1）创建本地用户账户和组：创建本地用户账户 JSJK，输入用户信息"计算机科"，并输入密码"JSJ"，选中"用户不能更改密码"和"密码永不过期"复选框，创建完成之后，注销当前用户账户，利用 JSJK 用户账户进行登录测试，然后创建 ABC 用户账户。

2）启用和禁用用户账户：启用 GUEST 用户账户和禁用 JSJK 用户账户，并注销当前用户账户，利用 JSJK 和 GUEST 用户账户进行登录测试。

3）创建用户组：创建 JSJ 组。

4）将本地用户账户加入组，并进行以下操作：

➢ 用系统管理员账户登录计算机，并创建文件或文件夹。

➢ 把 JSJK 用户账户添加到 administrators 组，把 ABC 用户账户添加到 JSJ 组。

➢ 分别用 JSJK 用户账户和 ABC 用户账户登录系统，看能否打开系统管理员所创建的文件或文件夹，并考虑为什么。

3. 共享文件夹的设置和管理

1）启用共享服务：在"控制面板"→"网络和共享中心"中启用"文件共享"服务。

2）设置共享文件夹及使用多重共享名：把 D 盘 TOOLS 文件夹设置为共享文件夹，共享名为 TOOLS，并把访问权限设置为"只读"，再对此共享文件夹设置第二个共享名 GONGJU，权限设置为"完全控制"。

3）隐藏共享文件夹：对 D 盘的 TU 文件夹设置共享，共享名为 TU，访问权限为"更改"，再对此文件夹设置第二个共享名 TUTU$，权限设置为"完全控制"。

4）共享文件的访问：

➢ 利用"网络"、"映射网络驱动器"或"开始"→"Windows 系统"→"运行"，在对话框中输入命令访问共享文件夹。

➢ 尝试验证访问 TOOLS 共享文件夹和 GONGJU 共享文件夹有什么不同，可删除或复制文件进行验证。

➢ 访问 TU 共享文件夹，验证能否访问到 TUTU$共享。提示：在地址栏输入"\\服务器名或 IP 地址\TUTU$"才可以访问到。

4. 共享打印机的创建与访问

1）添加本地打印机：在本地添加打印机 Canon Bubble-Jet BJC-1000，并设置共享名为

CANON。

2）打印机的连接访问。

➢ 利用"添加打印机向导"、"网络"、"浏览器"或"开始"→"Windows 系统"→"运行"，在对话框中输入命令连接共享打印机。

➢ 打开一个 Word 文档，尝试打印多篇文件。

➢ 打开管理的打印机，尝试对要打印的文件进行"暂停""继续""取消文档"等操作。

5. 硬件设备的管理

1）添加新硬件设备、安装驱动程序和停用设备。

➢ 在"控制面板"→"添加硬件"中添加"Microsoft 环回适配器"，并安装驱动程序。

➢ 尝试停用"Microsoft 环回适配器"。

2）卸载驱动程序：

➢ 卸载虚拟机系统中的网卡驱动程序。

➢ 刷新检测硬件，再重新安装虚拟机系统网卡驱动程序。

6. MMC 控制台的管理

新建一个包含"计算机管理"和"远程和路由访问"管理单元的控制台文件，并以"控制台 1.msc"为文件名保存在"开始"→"程序"菜单里。

项目评价

1）在实验机器上打开磁盘管理器，查看创建的简单卷、跨区卷、带区卷、镜像卷和 RAID-5 卷。

2）在实验机器上打开用户管理器，查看创建的用户和用户组。

3）查看实验机器上的共享文件夹，并测试权限。

4）查看实验机器上添加的打印机。

5）查看实验机器上已经卸载的驱动程序。

读书笔记

项目 5   安全管理

情景故事

　　管理员阿斌接手管理校园网不久，就遇到很多问题：网络连接不稳定，网络攻击频频发生，重要数据泄露，服务器空间不足……

　　每个问题都令阿斌寝食不安，为了解决问题，阿斌决定尝试详细核查服务器的安全设置。

案例说明

　　本例要实现网络操作系统的安全管理工作，即设置计算机的安全策略、计算机防火墙、文件和文件夹安全机制（NTFS 权限），并设置磁盘配额以限定用户使用空间的大小。

技能目标

- 掌握使用组策略编辑器设置计算机的安全机制的方法。
- 掌握设置计算机防火墙功能以保护计算机的方法。
- 掌握设置 NTFS 权限以限制非法用户使用文件和文件夹的方法。
- 理解磁盘配额功能，掌握限定用户使用服务器磁盘空间的方法。
- 掌握备份系统操作及系统有故障时还原之前备份系统的方法。

任务 5.1 │ 组策略

组策略

【任务说明】

通过本地组策略编辑器（gpedit.msc）设置本地计算机的安全机制。

【任务目标】

1）设置用户密码使用机制。
2）设置账户使用机制。
3）设置用户权限使用机制。
4）设置系统审核机制。
5）设置系统安全选项。
6）防止 U 盘传播病毒。

【任务实现】

1．设置密码策略

1）依次选择"开始"→"Windows 管理工具"→"本地安全策略"命令，打开"本地安全策略"窗口。

2）依次展开"安全设置"→"账户策略"→"密码策略"选项，然后在右侧设置密码相关的策略，如图 5.1 所示。

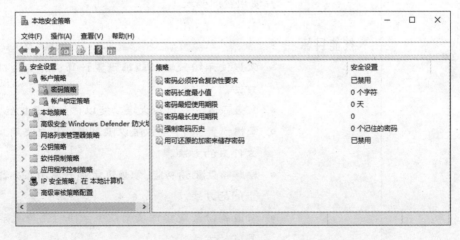

图 5.1

2．账户锁定策略

1）依次选择"开始"→"Windows 管理工具"→"本地安全策略"命令，打开"本地安全策略"窗口。

2）依次展开"安全设置"→"账户策略"→"账户锁定策略"选项，然后在右侧设置账户锁定的相关策略，如图 5.2 所示。

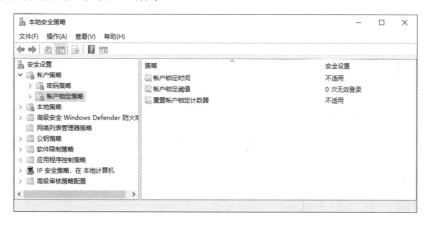

图 5.2

3. 设置用户权限分配

1）依次选择"开始"→"Windows 管理工具"→"本地安全策略"命令，打开"本地安全策略"窗口。

2）依次展开"安全设置"→"本地策略"→"用户权限分配"选项，然后在右侧设置用户权限相关策略，如图 5.3 所示。

图 5.3

➤ 双击图 5.3 中的"允许本地登录"策略，弹出如图 5.4 所示的对话框，可以设置哪些用户能以交互方式登录到此计算机。

➤ 双击图 5.3 中的"拒绝本地登录"策略，弹出如图 5.5 所示的对话框，可以设置要防止哪些用户在该计算机上登录。不能将此安全策略应用到 Everyone 组，否则将拒绝所有用户登录，包括 Administrator 用户。

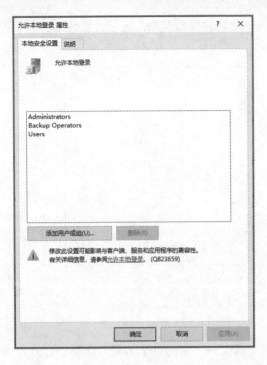

图 5.4   图 5.5

➤ 双击图 5.3 中的"从网络访问此计算机"策略，弹出如图 5.6 所示的对话框，可以设置允许哪些用户和组通过网络连接到计算机。此用户权限是许多网络协议所必需的，这些协议包括基于服务器消息块（SMB）的协议、网络基本输入/输出系统（NetBIOS）、通用 Internet 文件系统（CIFS）和组件对象模型插件（COM+）。

图 5.6

➢ 双击图 5.3 中的"拒绝从网络访问这台计算机"策略，弹出如图 5.7 所示的对话框，可以设置要防止哪些用户通过网络访问计算机。

➢ 双击图 5.3 中的"从远程系统强制关机"策略，弹出如图 5.8 所示的对话框，可以设置允许哪些用户通过网络关闭计算机。

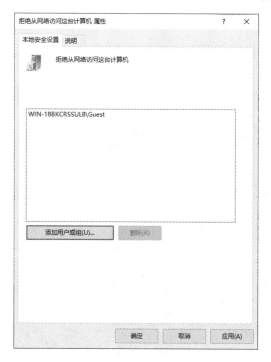 

图 5.7   图 5.8

4. 设置系统审核策略

1）依次选择"开始"→"Windows 管理工具"→"本地安全策略"命令，打开"本地安全策略"窗口。

2）依次展开"安全设置"→"本地策略"→"审核策略"选项，在右侧设置系统审核的相关策略，如图 5.9 所示。

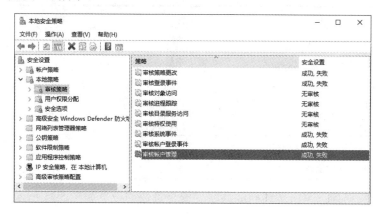

图 5.9

5. 设置安全选项策略

1）依次选择"开始"→"Windows 管理工具"→"本地安全策略"命令，打开"本地安全策略"窗口。

2）依次展开"安全设置"→"本地策略"→"安全选项"选项，在右侧设置安全选项的相关策略，如图 5.10 所示。

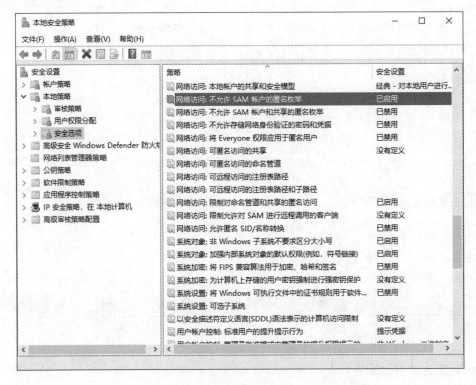

图 5.10

为安全起见，一般需修改表 5.1 列出的策略。

表 5.1　需修改的策略名称及设置状态

策略名称	设置状态
交互式登录：无须按 Ctrl+Alt+Del	启用
网络访问：不允许 SAM 账户的匿名枚举	启用
网络访问：可匿名访问的共享	将后面的值删除
网络访问：可匿名访问的命名管道	将后面的值删除
网络访问：可远程访问的注册表路径	将后面的值删除
网络访问：可远程访问的注册表路径和子路径	将后面的值删除
网络访问：限制对命名管道和共享的匿名访问	启用

例如，"网络访问：可匿名访问的共享"安全策略的设置如图 5.11 所示。

图 5.11

6. 防止 U 盘传播病毒

对于大多数 U 盘病毒来说，它们都是通过系统的自动播放功能以及 AUTORUN 文件实现打开 U 盘时自动运行病毒程序，从而将病毒传播到正常操作系统中。因此，要想防范 U 盘病毒就首先要针对自动播放以及 AUTORUN 文件进行处理，切断这两条传播途径。

首先，关闭系统的自动播放功能，可以使用以下两种方法。

方法一：修改注册表

1）选择"开始"→"Windows 系统"→"运行"命令，输入"regedit"，然后单击"确定"按钮，进入注册表编辑器。

2）展开注册表项 HKEY_CURRENT_USER\Software\Microsoft\Windows\CurrentVersion\Policies，如图 5.12 所示。

3）查找 NoDriveTypeAutoRun 键值，如果没有，新建一个，数据类型为 REG_DWORD，修改其键值为十六进制 FF，退出后重新启动计算机即可。

方法二：修改"组策略"

1）选择"开始"→"Windows 系统"→"运行"命令，输入"gpedit.msc"，然后单击"确定"按钮，打开"本地组策略编辑器"窗口。

2）依次展开"本地计算机策略"→"计算机配置"→"管理模板"→"Windows 组件"→"自动播放策略"选项，如图 5.13 所示。

图 5.12

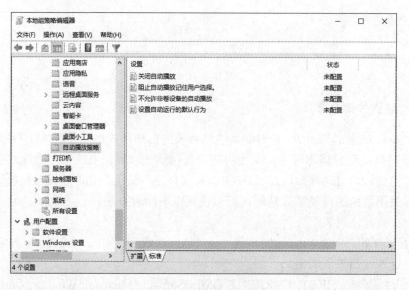

图 5.13

3）双击"关闭自动播放"选项，在打开的窗口中选中"已启用"单选按钮，然后在"关闭自动播放"下拉列表框中选择"所有驱动器"选项，单击"确定"按钮，最后关闭"本地组策略编辑器"窗口，如图 5.14 所示。

其次，从 AUTORUN 下手解决 U 盘病毒传播难题。

很多病毒都会在 U 盘根目录建立一个 autorun.inf 文件，在该文件中写入打开 U 盘时自动加载和运行程序的具体路径，从而实现传播与感染病毒的目的。那么如何解决 autorun.inf 文件对系统的侵害呢？方法是在 U 盘根目录下建立一个名为 autorun.inf 的文件夹。

图 5.14

最后，修改注册表，彻底隔断 U 盘病毒。

在实际工作中，很多网络管理员会发现即使关闭了自动播放功能，U 盘病毒依然会在双击盘符时入侵系统，就个人经验来说，可以通过修改注册表来彻底隔断 U 盘病毒。

1）选择"开始"→"Windows 系统"→"运行"命令，输入"regedit"，然后单击"确定"按钮，打开注册表编辑器。

2）找到注册表项 HKEY_CURRENT_USER\Software\Microsoft\Windows\ CurrentVersion\Explorer\MountPoints2，如图 5.15 所示。

图 5.15

3）右击 MountPoints2，选择"权限"命令，在打开的对话框中针对该键值的访问权限进行限制。

4）将 Administrators 组和 SYSTEM 组的"完全控制"选项都设为"拒绝"，这样这些具备系统操作的高权限账户将不会对此键值进行操作，从而隔断了病毒的入侵，如图 5.16 所示。

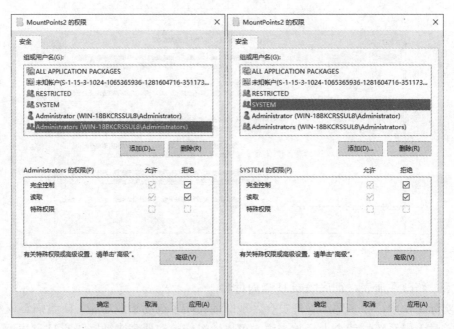

图 5.16

【相关知识】

1）"密码必须符合复杂性要求"策略：密码必须符合下列最低要求。

➤ 不能包含用户的账户名，不能包含用户账户名中超过两个连续字符的部分。

➤ 至少有 6 个字符长度。

➤ 包含以下 4 类字符中的 3 类字符：英文大写字母（A～Z），英文小写字母（a～z），10 个基本数字（0～9），非字母字符（如!、$、#、%）。

➤ 在更改或创建密码时执行复杂性要求。

2）"密码长度最小值"策略：设置用户账户密码包含的字符数，值为 0～14，0 表示不需要密码。

3）"密码最短使用期限"策略：设置用户更改密码之前必须使用该密码一段时间，范围为 0～998 天，0 表示允许立即更改密码。

4）"密码最长使用期限"策略：设置系统要求用户更改密码之前可以使用该密码的期限，范围为 0～999 天，0 表示指定密码永不过期。

5）"强制密码历史"策略：设置再次使用某个旧密码之前必须与某个用户账户关联的唯一新密码数，可以为 0～24 个密码。

6）"复位账户锁定计数器"策略：只有在指定了账户锁定阈值时，此策略设置才有意义。可用范围是 1～99999 分钟，并且重置时间必须小于或等于账户锁定时间。

7）"账户锁定时间"策略：只有在指定了账户锁定阈值时，此策略设置才有意义。可用范围是 0～99999 分钟，并且账户锁定时间必须大于或等于重置时间。

8）"账户锁定阈值"策略：设置导致用户账户被锁定的登录尝试失败的次数。可以将登录尝试失败次数设置为 0～999 的值。0 表示永远不会锁定账户。

用户权限是允许用户在计算机系统或域中执行的任务，有登录权限和特权。登录权限控制为谁授予登录计算机的权限以及他们的登录方式。特权控制对计算机上系统范围的资源的访问，并可以覆盖在特定对象上设置的权限。登录权限的一个示例是在本地登录计算机的权限，特权的一个示例是关闭系统的权限。这两种用户权限都由管理员作为计算机安全设置的一部分分配给单个用户或组。

【拓展提高】

组策略将系统重要的配置功能汇集成各种配置模块，供管理人员直接使用，从而达到方便管理计算机的目的。熟练使用组策略可以让 Windows Server 2019 系统按需运行，设置其中的相关参数，可以达到提升系统运行效率的目的。

任务 5.2 | 防火墙

【任务说明】

Windows 防火墙是一种主机防火墙技术，所以它可在所有客户端和服务器上运行，防御穿过外围网络或来自组织内部的网络攻击，如特洛伊木马攻击、端口扫描攻击和蠕虫。像许多防火墙技术一样，Windows 防火墙是一种有状态防火墙，所以它检查和筛选所有 TCP/IP 版本 4（IPv4）和 TCP/IP 版

防火墙

本 6（IPv6）通信。非请求传入通信将被丢弃，除非它是对主机请求（请求的通信）的响应，或者它是被特定允许的（即已被添加到例外列表）。通过配置 Windows 防火墙设置，可以根据端口号、应用程序名或服务名来指定要添加到例外列表的通信。除了某些 Internet 控制消息协议（ICMP）消息以外，Windows 防火墙允许所有传出通信。

通过本任务，读者可学习启动或关闭 Windows 内置的防火墙、配置高级安全 Windows 防火墙、利用防火墙新建连接安全规则等相关功能。

【任务目标】

1）启动 Windows 内置的防火墙功能。
2）启用本地计算机的高级安全 Windows 防火墙。
3）新建连接安全规则。

【任务实现】

防火墙指的是一个由软件和硬件设备组合而成，在内部网和外部网之间、专用网与公

共网之间的界面上构造的保护屏障。

1. 启动 Windows 内置防火墙

1）打开"网络和共享中心"窗口。

2）单击窗口左下角的"Windows Defender 防火墙"链接，如图 5.17 所示。

3）在打开的窗口中单击"启用或关闭 Windows Defender 防火墙"链接，在打开的窗口中可以启用 Windows Defender 防火墙并进行相关设置，如图 5.18 所示。

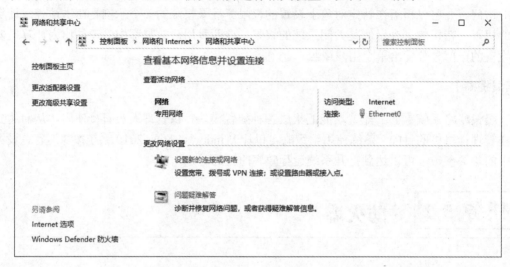

图 5.17

图 5.18

> 启用 Windows Defender 防火墙：选中该单选按钮后将阻止所有外部源连接此计算机，除了在"例外"选项卡（可以添加程序或端口例外以允许通过防火墙进行通信）上未阻止的源。

> 阻止所有传入连接，包括位于允许应用列表中的应用：选中该复选框后，所有的例外将被忽略，且 Windows 阻止程序不会通知用户。连接到不太安全的网络时应选中此复选框。

> 关闭 Windows Defender 防火墙：选中该单选按钮后将不使用防火墙功能。

2. 启用本地计算机的高级安全 Windows 防火墙

1）选择"开始"→"Windows 管理工具"→"高级安全 Windows Defender 防火墙"命令，打开"高级安全 Windows Defender 防火墙"窗口，如图 5.19 所示。

图 5.19

2）单击窗口中的"Windows Defender 防火墙属性"链接（或选择"操作"→"属性"命令），打开"本地计算机上的高级安全 Windows Defender 防火墙属性"对话框，如图 5.20 所示。

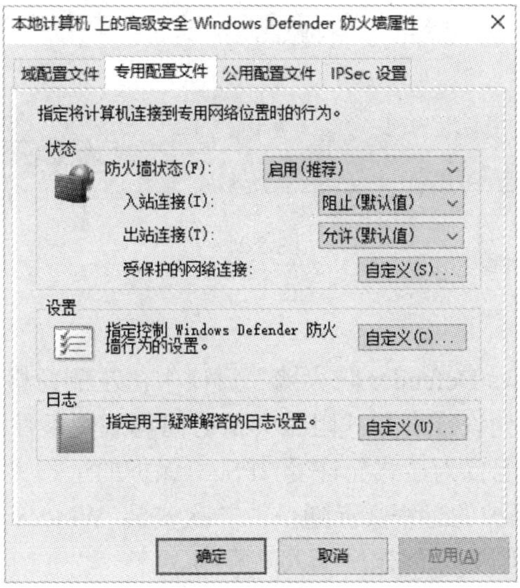

图 5.20

3）根据计算机网络位置是专用网络确定设置"专用配置文件"选项卡，指定"防火墙状态"为"启用（推荐）"，"入站连接"为"阻止（默认值）"，"出站连接"为"允许（默认值）"。单击"确定"按钮即可启用高级安全 Windows Defender 防火墙。

3. 新建连接安全规则

连接安全指在两台计算机开始通信之前对它们进行身份验证，并确保发送信息的安全性。

假如在 Windows Server 2019 上安装了一个 Apache Web 服务器，默认情况下，从远端是无法访问这个服务器的，因为在入站规则中没有配置来确认对这些流量"放行"，下面我们就为它增加一条规则。

1）在"高级安全 Windows Defender 防火墙"窗口中，选择"连接安全规则"→"新规则"选项，打开"新建连接安全规则向导"对话框，如图 5.21 所示。

2）依照规则类型完成安全规则的建立。

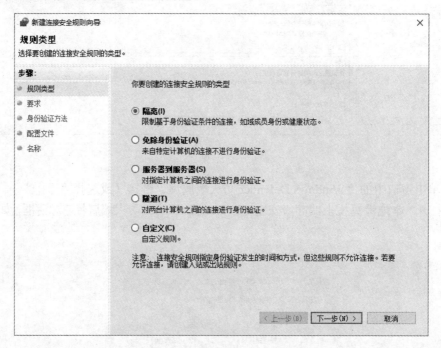

图 5.21

【相关知识】

在"高级安全 Windows Defender 防火墙"窗口中，左侧窗格内的 3 个规则含义如下。

➢ 入站规则：显式允许或者显式阻止尝试访问与规则条件匹配的计算机的通信。例如，可以将规则配置为显式允许受 IPSec 保护的远程桌面通信通过防火墙，但阻止不受 IPSec 保护的远程桌面通信。首次安装 Windows 时，将阻止入站通信；若要允许通信，则必须创建一个入站规则。

➢ 出站规则：显式允许或者显式阻止来自与规则条件匹配的计算机的通信。例如，可以将规则配置为显式阻止特定计算机的出站通信通过防火墙，但允许其他计算

机的出站通信通过防火墙。默认情况下允许出站通信，因此必须创建出站规则来
阻止通信。

➢ 连接安全规则：指身份验证发生的时间和方式，这些规则不允许连接，若要连接，
应创建入站规则或出站规则。

【拓展提高】

对于单个服务器来说，可以使用"高级安全 Windows Defender 防火墙"管理控制单元
来对防火墙进行设置，如果在企业网络中有大量计算机需要设置，这种方法就不再适合，
应该找一种更高效的方法，如使用组策略来管理高级安全 Windows Defender 防火墙。

在一个使用活动目录（AD）的企业网络中，为了实现对大量计算机的集中管理，可以
使用组策略来应用高级安全 Windows Defender 防火墙的配置。组策略提供了高级安全
Windows Defender 防火墙的完全功能的访问，包括配置文件、防火墙规则和计算机安全连
接规则。

实际上，在组策略管理控制台中为高级安全 Windows Defender 防火墙配置组策略的时
候打开的是同一个控制单元。值得注意的是，如果使用组策略在一个企业网络中配置高级
安全 Windows Defender 防火墙，本地系统管理员无法修改这个规则的属性。通过创建组策
略对象，可以配置一个域中所有计算机使用相同的防火墙设置。

任务 5.3 　NTFS 权限

【任务说明】

要理解 NTFS 权限，就要明白 NTFS 分为文件和文件夹的权限，NTFS
文件的权限分为读取、写入、读取和执行、修改、完全控制 5 种；NTFS 文
件夹的权限分为读取、写入、列出文件夹目录、读取和执行、修改、完全控
制 6 种。

NTFS 权限

NTFS 权限是可以被继承的，权限可以累加，拒绝权限的优先级更高。

【任务目标】

1）理解 NTFS 的概念、功能及 NTFS 权限的种类。
2）掌握设置用户使用文件的 NTFS 权限。
3）理解当文件和文件夹位置更改后，其 NTFS 权限的变化。

【任务实现】

1. 设置 NTFS 权限

现在介绍 NTFS 权限的实际应用。假设有一个文件 NTFSLX1.txt，要设置为只有 user1、
user2 和 user3 这 3 个用户可以使用该文件，但是 user1 用户可以随意操作该文件，user2 用

户只能读取该文件，而不能进行如修改等其他操作，user3 可以读取，可以写入，可以删除，但是不能复制和移动。具体操作步骤如下：

1）右击 NTFSLX1.txt，选择"属性"命令，在弹出的对话框中选择"安全"选项卡，如图 5.22 所示。

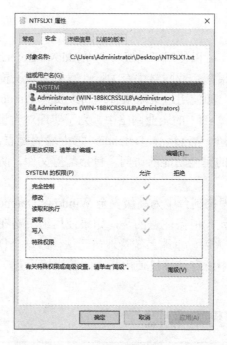

图 5.22

2）单击"高级"按钮打开"NTFSLX1 的高级安全设置"对话框，如图 5.23 所示。

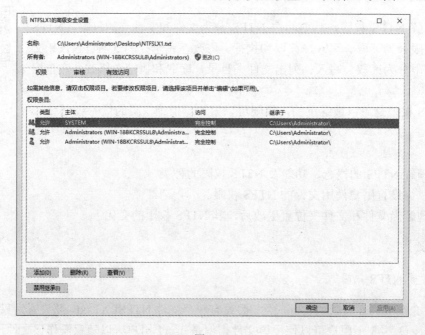

图 5.23

3）单击"禁用继承"按钮，弹出"阻止继承"对话框，如图 5.24 所示。

图 5.24

4）选择"从此对象中删除所有已继承的权限"选项，也就是把里面的 SYSTEM 等所有的账号删除，即不继承上层文件夹的权限。

5）回到图 5.23 所示的对话框，单击"添加"按钮，在弹出的对话框中单击"选择主体"，查找并选中 user1，添加，确定。

6）选中 user1，设置权限，如图 5.25 所示。

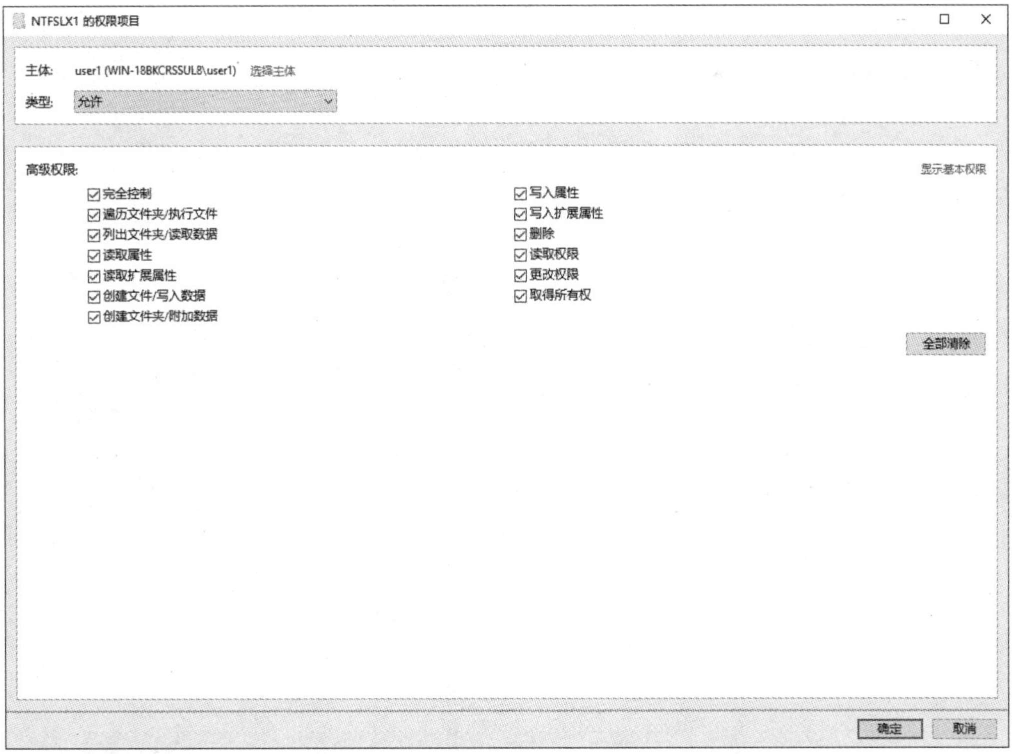

图 5.25

7）添加 user2 并设置权限，如图 5.26 所示。

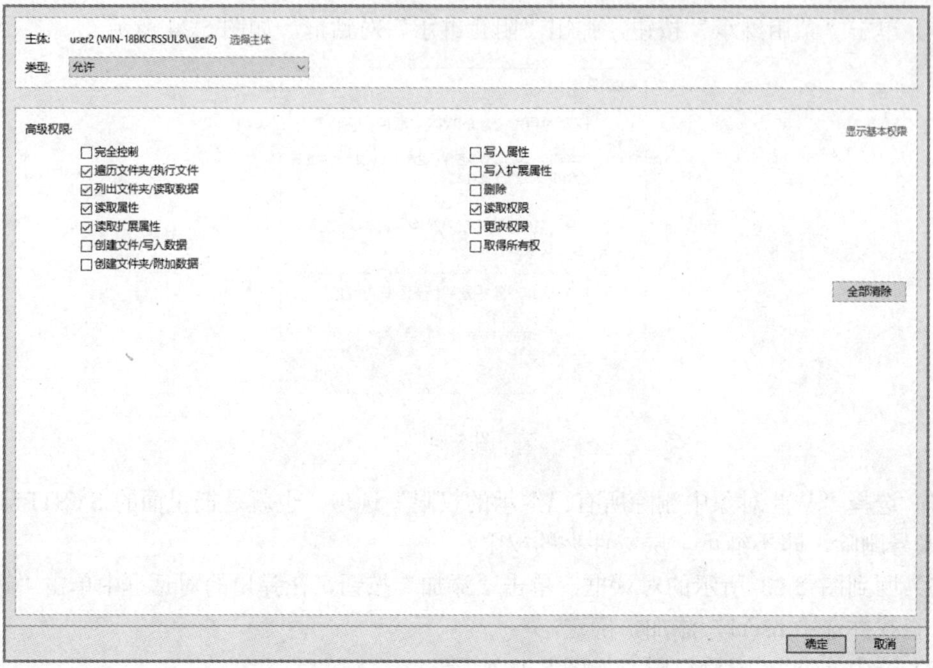

图 5.26

8）添加 user3 并设置权限，如图 5.27 所示。

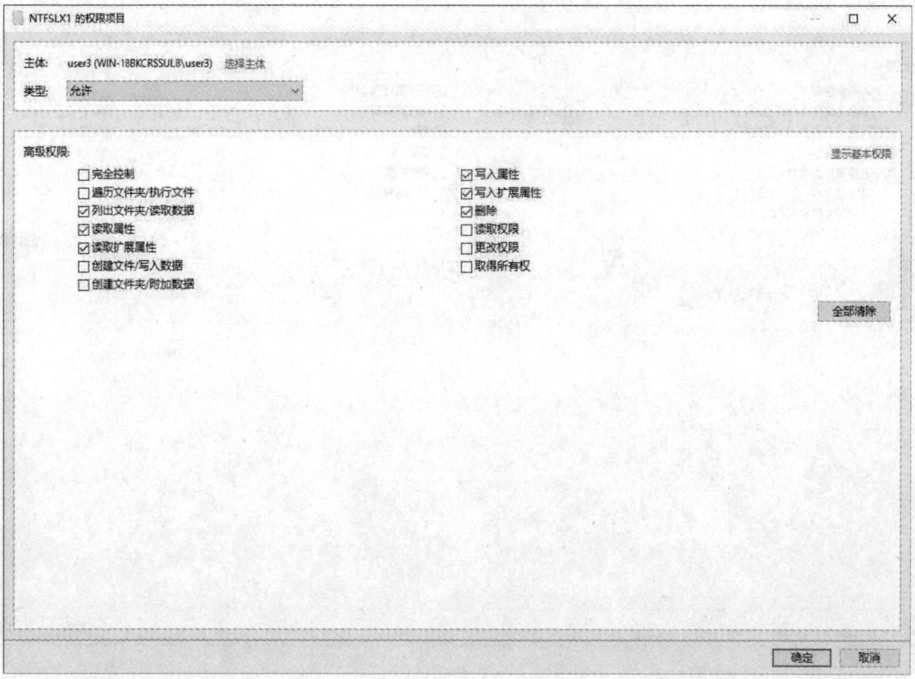

图 5.27

9）设置完成后如图 5.28 所示。

图 5.28

这时，使用 user1 登录，便可以完全控制该文件。使用 user2 登录，只能读取该文件，当修改文件后要保存时会出现没有权限的提示框。使用 user3 登录，可以打开该文件，也可以保存，但当复制或移动该文件时会出现提示"您需要提供管理员权限才能复制（或移动）此文件"的提示框，说明无法复制或移动该文件。

2. 文件复制与移动后权限的变化

文件从某个文件夹复制到另一个文件夹时，无论文件被复制到同一 NTFS 分区，还是不同的 NTFS 分区，等同于产生了另一个新的文件，因此该文件的权限是继承目的文件夹权限的。

文件从某个文件夹移动到另一个文件夹时，分为以下 3 种情况：

➤ 如果是在同一 NTFS 分区内移动，则仍保留原有的权限。

➤ 如果是在不同 NTFS 分区内移动，等同于产生了一个新的文件，其权限继承目的文件夹的权限。

➤ 当 NTFS 分区内的文件移动或复制到 FAT 或 FAT32 分区内后，所有权限都会消失，因为 FAT 和 FAT32 并不支持 NTFS 权限设置功能。

【相关知识】

1. NTFS 功能

1）NTFS 可以支持的分区（如果采用动态磁盘则称为卷）大小可以达到 2TB。

2）NTFS 是一个可恢复的文件系统。在 NTFS 分区上用户很少需要运行磁盘修复程序。NTFS 通过使用标准的事物处理日志和恢复技术来保证分区的一致性。发生系统失败事件时，NTFS 使用日志文件和检查点信息自动恢复文件系统。

3）NTFS 支持对分区、文件夹和文件的压缩。任何基于 Windows 的应用程序对 NTFS 分区上的压缩文件进行读写时不需要事先由其他程序进行解压缩，当对文件进行读取时，文件将自动进行解压缩；文件关闭或保存时会自动对文件进行压缩。

4）NTFS 采用了更小的簇，可以更有效率地管理磁盘空间。

2. NTFS 权限种类

在 Windows 2019 的 NTFS 磁盘分区上可以分别对文件或文件夹设置 NTFS 权限，其中对文件可以设置 5 种权限，分别是"完全控制""修改""读取和执行""读取""写入"。

对文件夹可以设置 6 种权限，除上面 5 种权限外，还有一个"列出文件夹目录"权限。这些默认权限其实是由一些独立的权限组合成的，具体组合方式如表 5.2 所示。

表 5.2　各权限的具体组合方式

权限	完全控制	修改	读取和执行	列出文件夹目录	读取	写入
完全控制	√					
遍历文件夹/执行文件	√	√	√	√		
列表文件夹/读取数据	√	√	√	√	√	
读取属性	√	√	√	√	√	
读取扩展信息	√	√	√	√	√	
创建文件/写入数据	√	√				√
创建文件夹/附加数据	√	√				√
写入属性	√	√				√
写入扩展属性	√	√				√
删除子文件夹及文件	√					
删除	√	√				
读取权限	√	√	√	√	√	√
更改权限	√					
取得所有权	√					

【拓展提高】

NTFS 的权限与网络中很多服务相关，如共享文件、FTP。在共享文件和 FTP 中，若要对其权限做更详细设置，最终都要在 NTFS 权限中进行设置。例如，FTP 权限中某一用户要有写入文件的权限，但不可以改名和删除，这些详细权限只能在 NTFS 权限中进行设置。

任务 5.4 磁盘配额

【任务说明】

利用磁盘配额（disk quota）功能，可以限制用户在 NTFS 磁盘内的存储空间，也可以跟踪每一个用户的 NTFS 磁盘控制的使用情况。通过磁盘配额的限制，可以避免用户将大量的文件复制到服务器的硬盘内。通过该任务，应熟练掌握启动磁盘配额功能及对指定用户配置磁盘空间的方法。

磁盘配额

【任务目标】

1）理解磁盘配额的概念和特性。
2）掌握磁盘配额的启用。
3）熟练掌握指定用户的磁盘使用空间。

【任务实现】

1. 磁盘配额特性

磁盘配额就是管理员可以对本域中的每个用户所能使用的磁盘空间进行配额限制，即每个用户只能使用最大配额范围内的磁盘空间。磁盘配额具有如下特性：

➢ 磁盘配额以卷为单位管理磁盘空间，必须在 NTFS 格式的卷上才可以实现。
➢ 磁盘配额可以对每个用户的磁盘使用情况进行跟踪和控制。这种跟踪是利用文件或文件夹的所有权来实现的。
➢ 磁盘配额不支持文件压缩，当磁盘配额程序统计磁盘使用情况时，都是统一按未压缩文件的大小来统计，而不管它实际占用了多少磁盘空间。
➢ 当设置了磁盘配额后，分区报告中所说的剩余空间，其实指的是当前这个用户的磁盘配额范围内的剩余空间。
➢ 磁盘配额程序对每个分区的磁盘使用情况是独立跟踪和控制的，而不论它们是否位于同一个物理磁盘。

2. 磁盘配额管理

磁盘配额管理主要是启用和为特定用户指定磁盘配额，现在分别予以介绍。

启用磁盘配额，即当用户使用磁盘空间超过限额时，服务器自动阻止该用户进一步使用磁盘空间或记录用户的使用情况。启用磁盘配额的操作流程如下：

1）在 Windows 资源管理器中，右击欲启用磁盘配额的卷，在快捷菜单中选择"属性"命令，即可打开如图 5.29 所示的磁盘属性对话框。
2）选择"配额"选项卡，如图 5.30 所示。
➢ "启用配额管理"复选框：激活配额管理功能。

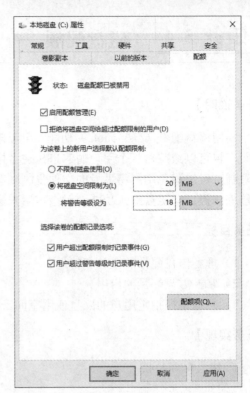

图 5.29   图 5.30

> "拒绝将磁盘空间给超过配额限制的用户"复选框：磁盘使用空间超过配额限制的用户将收到来自 Windows 的"磁盘空间不足"的提示信息，并且无法将额外的数据写入卷中。如果取消选中该复选框，则用户可以超过配额限制，无限制地使用磁盘空间。

> "不限制磁盘使用"单选按钮：用户可以无限制地使用服务器磁盘空间。

> "将磁盘空间限制为"单选按钮：卷的新用户使用的磁盘空间。

> "将警告等级设为"选项：用户使用的磁盘空间接近警告值时发出警告。

> "用户超出配额限制时记录事件"复选框：如果启用磁盘配额，则只要用户超过管理员设置的配额限制，事件就会写入本地计算机的系统日志中。

> "用户超过警告等级时记录事件"复选框：如果启用磁盘配额，则只要用户超过管理员设置的警告级别，事件就会写入本地计算机的系统日志中。

3）单击"确定"按钮，保存所做设置，即可启用磁盘配额。

3. 指定用户的磁盘使用空间

为特定用户指定磁盘配额，即为该用户设置特定的（更多或更少的）磁盘使用空间，操作流程如下：

1）在"配额"选项卡中，单击"配额项"按钮，打开本地磁盘的配额项窗口，如图 5.31 所示。

图 5.31

2）单击工具栏中的"新建配额项"按钮，打开"选择用户"对话框，并单击"高级"按钮，从列表框中选择要指定配额的用户，如图 5.32 所示。

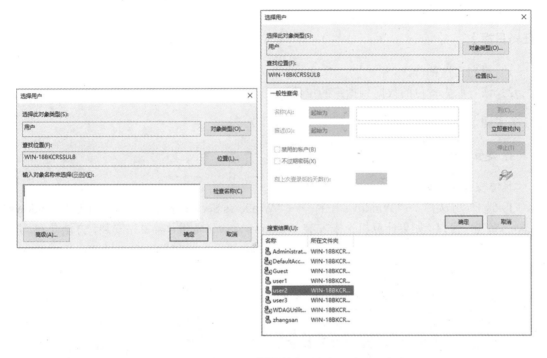

图 5.32

3）单击"确定"按钮，打开如图 5.33 所示的"添加新配额项"对话框，选中"将磁盘空间限制为"单选按钮，并在文本框中为该用户设置可以使用的磁盘空间。单击"确定"按钮，保存所做设置，至此该磁盘配额的设置工作完成，指定的用户被添加到本地卷配额项列表中。

如果想删除指定的配额项，可在本地磁盘的配额项窗口中右击欲删除的列表项，从弹出的快捷菜单中选择"删除"命令即可。

图 5.33

任务 5.5 备份与恢复

【任务说明】

Windows Server 2019 中的备份和还原系统功能为用户提供了一个基本的备份还原解决方案,在这个功能中包括了全新的备份还原技术,从而使新版本中的备份和还原系统功能更加具有实用性。备份和还原系统功能是 Windows Server 2019 中的一个可选特性,利用此功能可以有效地帮助用户备份和还原操作系统或服务器上的文件和文件夹。在该任务中,需要掌握如何在 Windows Server 2019 中实现这些功能。

备份与恢复

【任务目标】

1)建立文件备份。
2)恢复原先备份的数据到指定的位置。

【任务实现】

1. 建立文件备份

具体操作步骤如下:

1)选择"开始"→"Windows 附件"→"Windows Server 备份"命令,打开"Windows Server 备份"窗口(如果计算机上未安装 Windows Server 备份,需要先安装,方法是在"服务器管理器"窗口中单击"添加角色和功能"链接,然后按照向导说明选择 Windows Server 备份功能),如图 5.34 所示。

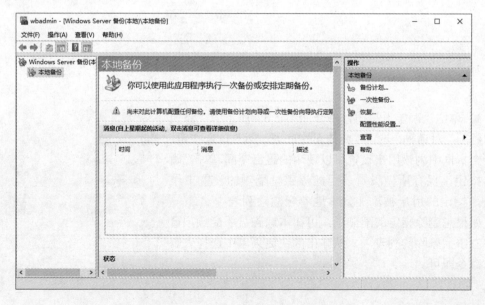

图 5.34

2）在右侧的"操作"栏中单击"一次性备份"链接，打开"一次性备份向导"对话框，单击"下一步"按钮，如图 5.35 所示。

图 5.35

3）接下来选择备份配置，这里我们需要备份一个文件，所以选中"自定义"单选按钮，然后单击"下一步"按钮，如图 5.36 所示。

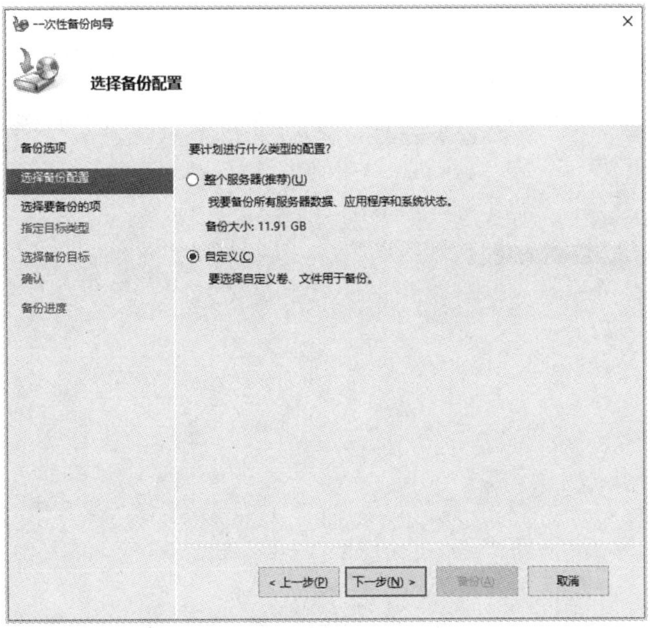

图 5.36

4）接下来选择要备份的项，单击"添加项目"按钮，在弹出的对话框中找到需要备份的文件，单击"确定"按钮，然后单击"下一步"按钮，如图 5.37 所示。

图 5.37

5）接下来选择备份文件存放的路径，然后单击"下一步"按钮，如图 5.38 所示。

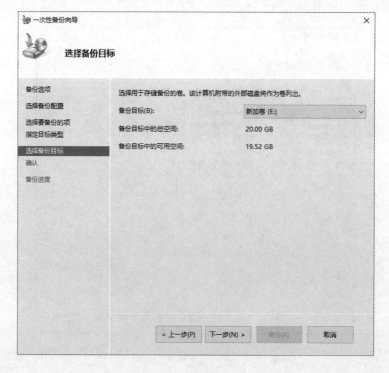

图 5.38

6）确认之后单击"备份"按钮开始文件备份，完成后如图 5.39 所示。

图 5.39

2. 恢复备份的数据到指定的位置

具体操作步骤如下：

1）选择"开始"→"Windows 附件"→"Windows Server 备份"命令，打开"Windows Server 备份"窗口，在右侧的"操作"栏中单击"恢复"链接，打开"恢复向导"对话框，直接单击"下一步"按钮，如图 5.40 所示。

图 5.40

2）接下来按照恢复向导一步一步操作，分别选择备份日期、选择恢复文件还是卷和选择要恢复的项目等。

3）确认后单击"恢复"按钮，如图 5.41 所示。

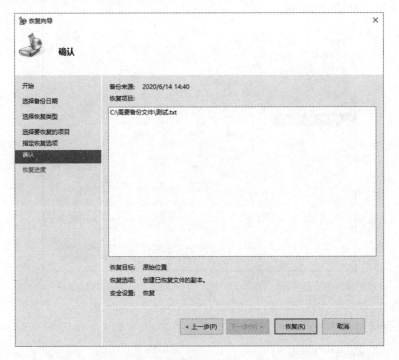

图 5.41

4）完成后"Windows Server 备份"窗口如图 5.42 所示。

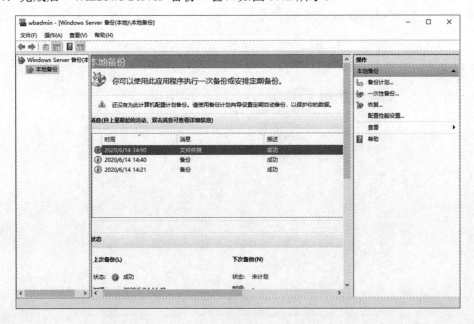

图 5.42

项目实训

【实训说明】

1）ABC 公司网络管理员阿斌应老总要求，为总经理建立特殊登录身份 huang，指定密码为"huang123!"，允许总经理有一次输入密码失误的机会，允许总经理远程登录域控制器。

2）ABC 公司为产品开发部在服务器上分配一个硬盘空间，共享名为 Producthome，要求行政部和产品开发部用户能够存取数据，总经理 huang 限制空间为 1GB，超过 900MB 时报警；产品开发部用户限制空间为 500MB，超过 400MB 时报警。

3）ABC 公司有一个文件叫作 saleform.xls，公司要求行政部（managers 组）、产品开发部（products 组）和销售部（sales 组）的用户可以使用该文件，销售部（sales 组）的用户可以随意操作该文件；行政部（managers 组）的用户可以读取、写入、删除，但是不能复制和移动该文件；产品开发部（products 组）的用户只能读取该文件，而不能进行修改等其他操作。

【实训要求】

1）灵活应用组策略配置服务器。
2）掌握为硬盘进行空间配额的方法。
3）掌握设定文件 NTFS 权限的方法。

项目评价

1）在实验机器上利用 huang 登录，输入错误的密码一次之后再输入正确密码，看能否登录；输入错误的密码两次之后再输入正确密码，看能否登录。

2）在实验机器上使用 huang 登录，看能够上传多少文件。

3）在实验机器上使用产品开发部用户身份登录，看能够上传多少文件。

4）在实验机器上设置好文件权限，使用不同用户登录，看相关权限是否正确。

读书笔记

项目 6　安装与管理活动目录

情景故事

　　阿斌是一所职业院校的机房管理人员，原来学校采用了工作组网络模型来管理计算机。近年来，随着学校扩招，师生规模不断扩大，网络管理工作越来越繁重、复杂。为了实现对学校内网所有计算机、用户账户、共享资源、安全策略的集中管理，阿斌决定在一台 Windows Server 2019 服务器（IP：192.168.1.200/24）上启用活动目录服务，如图 6.1 所示，此服务器的计算机名为 ADServer，域名为 abc.com。

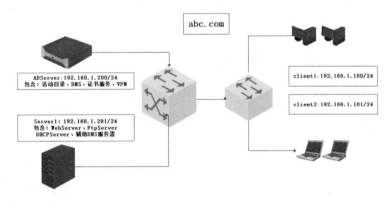

图 6.1

案例说明

　　本例在安装有 Windows Server 2019 的计算机上添加活动目录服务，并将此计算机配置成域控制器，通过把客户机加入 abc.com 域，实现统一管理。

技能目标

- 掌握活动目录的安装。
- 掌握活动目录组织单位、用户账户的创建及批量导出、导入用户的方法。
- 掌握 Windows 计算机加入域、退出域，更改普通域用户加域权限等方法。
- 掌握活动目录组账户的管理，并学会 AGDLP 规则。
- 掌握组策略分发软件的方法等。

任务 6.1 | **安装活动目录**

【任务目标】

安装活动目录，创建网络中第一台域控制器。

安装活动目录

【任务实现】

具体操作步骤如下：

1）安装活动目录前，应为服务器配置静态 IP 地址。如图 6.2 所示，依次设置 IP 地址、子网掩码、默认网关与首选 DNS 服务器。

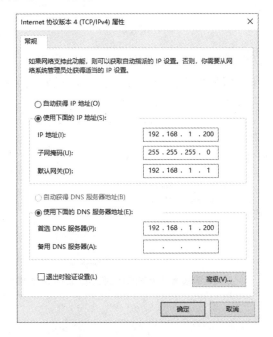

图 6.2

2）如图 6.3 所示，计算机名已更改为 ADServer。

图 6.3

3）单击任务栏左边的"服务器管理器"按钮，弹出如图 6.4 所示的窗口，单击"添加角色和功能"链接。

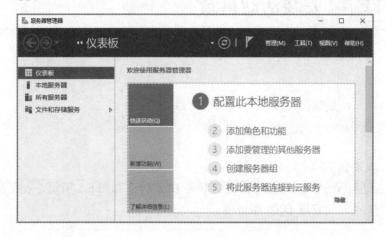

图 6.4

4）弹出"添加角色和功能向导"对话框，在"安装类型"窗口中选择默认的"基于角色或功能的安装"选项，然后单击"下一步"按钮，进入"选择目标服务器"窗口，如图 6.5 所示。

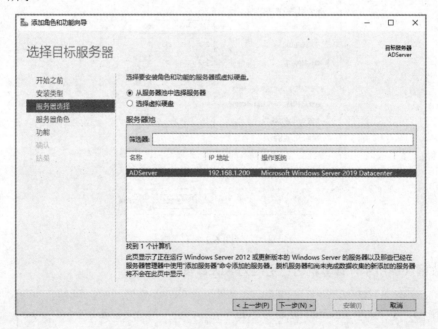

图 6.5

小贴士

图 6.5 中系统默认选中"从服务器池中选择服务器"单选按钮，安装程序会自动检测与显示这台计算机采用静态 IP 地址设置的网络连接。另外，在 Windows Server 2019 版本中，不能再使用 dcpromo 命令来运行活动目录的安装向导。

5）单击"下一步"按钮，进入"选择服务器角色"窗口，在"角色"列表框中选中"Active Directory 域服务"复选框，如图 6.6 所示。

图 6.6

6）在弹出的"添加 Active Directory 域服务所需的功能"对话框中单击"添加功能"按钮即可。

7）连续单击"下一步"按钮至出现"确认安装所选内容"窗口，单击"安装"按钮，如图 6.7 所示。

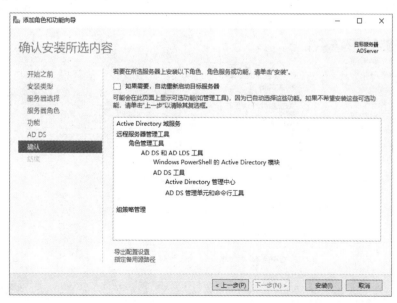

图 6.7

8）弹出"安装进度"窗口，安装将持续几分钟。安装完成后单击"将此服务器提升为域控制器"链接，如图 6.8 所示。

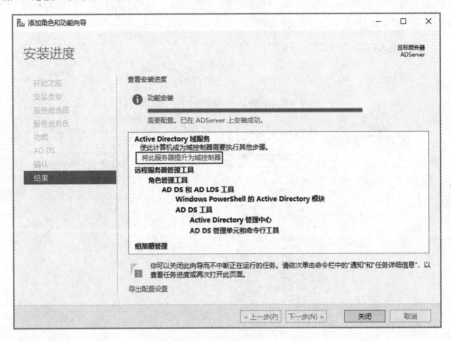

图 6.8

9）在"部署配置"窗口中，选中"选择部署操作"栏中的"添加新林"单选按钮，并设置根域名，本例设置为"abc.com"，完成后单击"下一步"按钮，如图 6.9 所示。

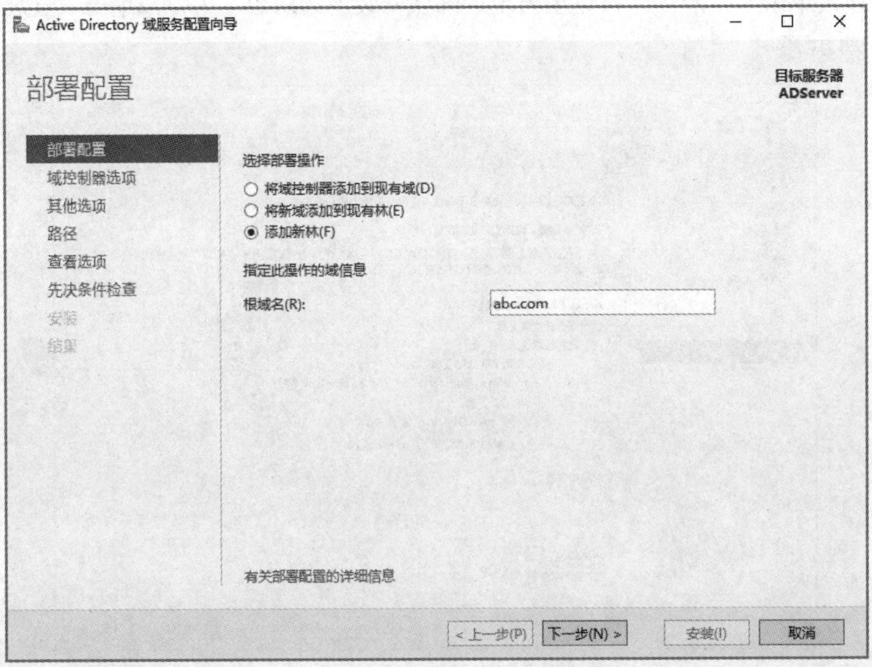

图 6.9

10）在如图 6.10 所示的"域控制器选项"窗口中，设置域级别为"Windows Server 2016"，选中"域名系统（DNS）服务器"复选框，并设置目录服务还原模式密码，完成后单击"下一步"按钮。

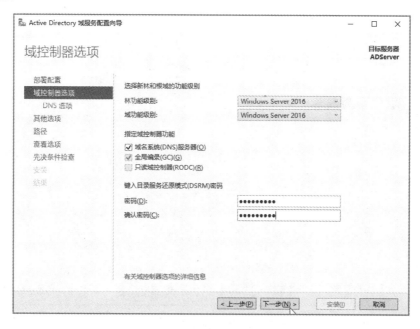

图 6.10

11）在如图 6.11 所示的"DNS 选项"窗口中，提示服务器将自动检查 DNS 是否启用，如果已经启用，则需要配置 DNS 委派选项，依据警告信息可知，DNS 没有启用，因此不必理会它，直接单击"下一步"按钮。

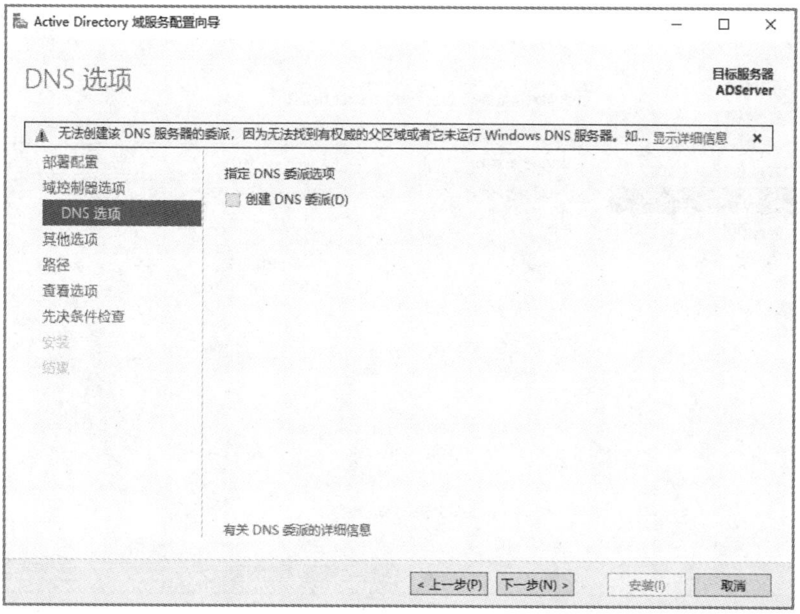

图 6.11

12）进入"其他选项"窗口，服务器将自动根据之前输入的域名生成一个 NetBIOS 域名（如 ABC），如图 6.12 所示。

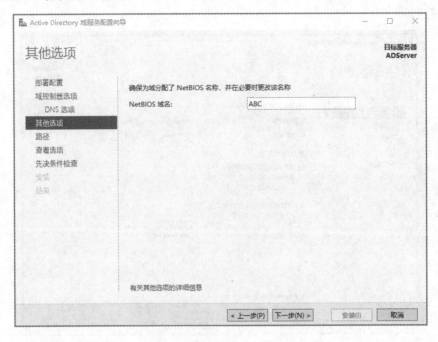

图 6.12

13）也可以更改 NetBIOS 域名，如无特殊需求，直接连续单击"下一步"按钮，依次出现如图 6.13 和图 6.14 所示的窗口。

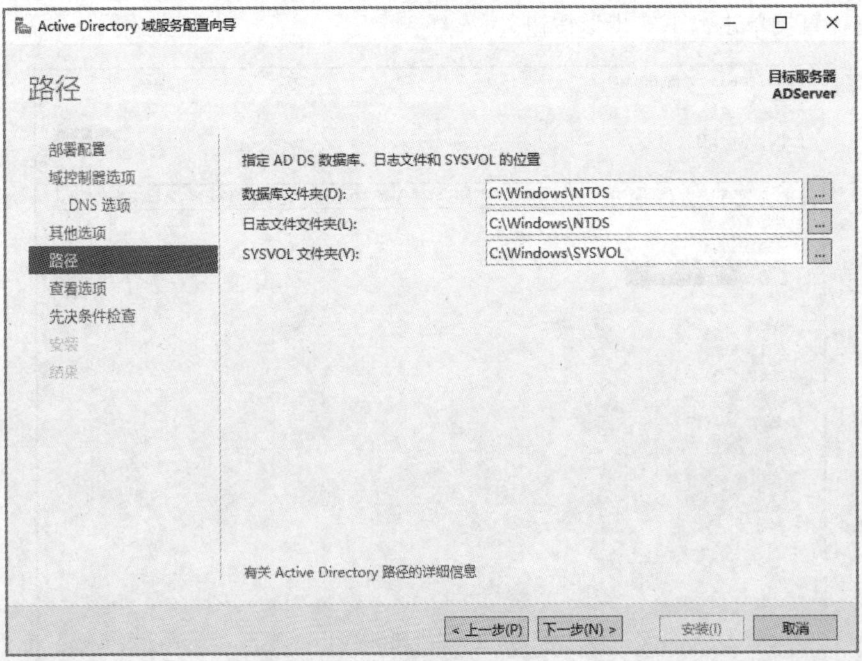

图 6.13

图 6.14

14）单击"下一步"按钮，进入如图 6.15 所示的"先决条件检查"窗口，服务器根据当前系统环境，自动检查安装活动目录的先决条件是否满足，如果顺利通过检查，单击"安装"按钮，否则根据界面提示信息排除问题。

图 6.15

15）活动目录安装完成后系统会自动重启，重启完成后登录域界面如图 6.16 所示。至此，安装活动目录的任务已完成。

图 6.16

16）安装目录后首次启动需要检查系统。进入系统后，打开"服务器管理器"窗口，在"本地服务器"属性中，服务器模式变为域，AD DS 服务器中需有对应的服务器名称等，如图 6.17 和图 6.18 所示。

图 6.17

图 6.18

17）域控制器会将自己扮演的角色注册到 DNS 服务器内，以便让其他计算机能够通过 DNS 服务器来找到这台域控制器，因此要检查 DNS 服务器内是否已经存在这些记录。如图 6.19 所示，主机（A）的记录表示域控制器 adserver 已经正确地将其主机名与 IP 地址注册到 DNS 服务器内。

图 6.19

18）除此之外，还需检查_tcp 和_udp 等文件夹，如图 6.20 所示的数据类型为服务位置（SRV）的_ldap 记录，表示 ADServer.abc.com 已经正确注册为域控制器，_gc 记录表示全局编录服务器的角色由 ADServer.abc.com 扮演。如果这些记录都不存在，网络中其他要加入域的计算机将不能通过此区域得知域控制器。

图 6.20

【相关知识】

活动目录存储的信息包含各种相关对象，如用户、用户组、计算机、域、组织单位（OU）

以及安全策略等。这些信息可以通过活动目录服务被发布出来，以供用户和管理员使用。

一个域可能拥有一台以上域控制器。每一台域控制器都拥有它所在域目录的一个可写副本。对目录的任何修改都可以从源域控制器复制到域、域树或者森林中的其他域控制器上。由于目录可以被复制，而且所有的域控制器都拥有目录的一个可写副本，所以用户和管理员可以在域的任何位置方便地获得所需的目录信息。

通过活动目录，我们可以管理服务器及客户端计算机账户，所有服务器及客户端计算机加入域管理并实施组策略；管理用户域账户、用户信息、企业通讯录（与电子邮件系统集成）、用户组管理、用户身份认证、用户授权管理等；管理打印机、文件共享服务等网络资源；系统管理员可以集中配置各种桌面配置策略；支持财务、人事、电子邮件、企业信息门户、办公自动化、补丁管理、防病毒系统等各种应用系统。

创建域必需满足以下几点要求：

1）安装活动目录的磁盘分区格式为 NTFS，且登录用户需具备 Administrators 组权限。

2）至少配置一个静态 IP 地址，如 192.168.1.200。

3）符合 DNS 规格的域名，如 abc.com。

4）有相应的 DNS 服务器支持，由于域控制器需要将自己注册到 DNS 服务器内，以便让其他计算机通过 DNS 服务器来找到这台域控制器，因此必须要有一台可支持活动目录的 DNS 服务器，也就是它必须支持 Service Location Resource Record，并且支持动态更新。

【拓展提高】

1）在 CMD 命令模式下，使用 netdom 命令更改计算机名，如图 6.21 所示。

```
C:\>netdom renamecomputer ADServer /newname:DCServer
此操作将计算机 ADServer
重命名为 DCServer。

某些服务(如证书颁发机构)依赖于固定的计算机名。
如果此类型的任何服务在 ADServer 上运行，
则计算机名更改将产生负面影响。

你要继续吗(Y 或 N)?
```

图 6.21

2）当网络规模较大时，一台域控制器的负荷过重，可考虑安装额外域控制器。

3）可以通过降级的方式来删除域控制器，也就是将 AD DS 从域控制器删除。读者可尝试在服务器管理器中取消选中"Active Directory 域服务"复选框。

任务 6.2 | 管理活动目录的组织单位和用户

【任务目标】

使用域控制器内置的活动目录管理工具，创建组织单位与域用户账户。如图 6.22 所示，学校现有 4 个部门：教务科、学生科、后勤部门和财务部。按照部门创建不同的组织单位。

管理活动目录的
组织单位和用户

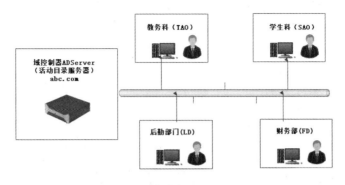

图 6.22

【任务实现】

具体操作步骤如下：

1）活动目录安装完毕后，管理员可根据当前的组织结构，在活动目录中对各种资源进行集中管理。如图 6.23 所示，在"运行"对话框中输入"dsa.msc"命令。

图 6.23

2）单击"确定"按钮，弹出"Active Directory 用户和计算机"窗口，如图 6.24 所示。按 Windows 键 切换到"开始"菜单，选择"Windows 管理工具"→"Active Directory 用户和计算机"命令也可打开该窗口。

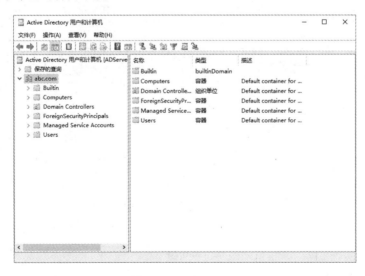

图 6.24

3）选中域名 abc.com 并右击，在弹出的快捷菜单中选择"新建"→"组织单位"命令，如图 6.25 所示。

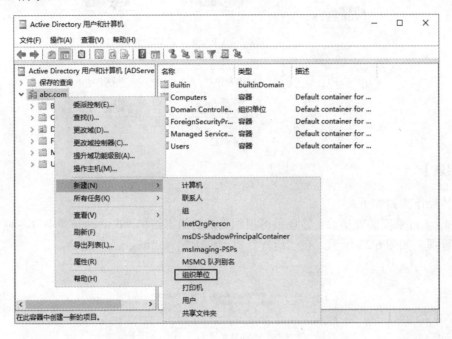

图 6.25

4）在弹出的"新建对象-组织单位"对话框中输入规划好的名称（如"学生科"），单击"确定"按钮，如图 6.26 所示。

图 6.26

5）同理，新建用户（如 Huangcq），如图 6.27 所示。

图 6.27

6）为用户设置密码，出于安全考虑，建议选中"用户下次登录时须更改密码"复选框，但本项目为了方便任务 6.3 的测试，这里取消选中该复选框，如图 6.28 所示。

图 6.28

7）通过类似操作可新建组织单位、组、员工账户、计算机、打印机、共享文件夹等资源，如图 6.29 所示。

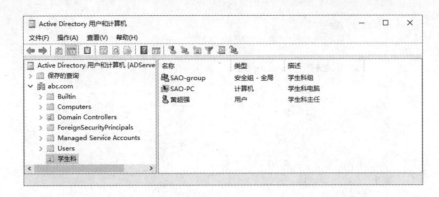

图 6.29

8）在"学生科"组织单位下，右击"黄超强"用户，选择"属性"→"账户"→"登录时间"，如图 6.30 所示，设置该用户允许登录的时间为周一至周五的 7:00～21:00。

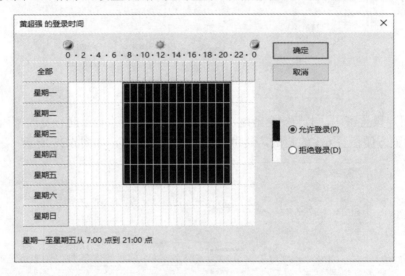

图 6.30

【相关知识】

在活动目录域服务中，对用户账户进行管理非常重要，无论是登录域还是使用域中资源，都必须使用域用户账户进行验证。公司各部门用户较多，职能也各不相同，为了便于管理，可以将多个用户添加到组中，对组设置的权限适用于组中的所有用户，从而实现对用户的集中管理。利用组织单位，可以为不同部门的用户和组配置组策略。

Windows Server 2019 可以通过两个工具来管理域账户：Active Directory 管理中心与 Active Directory 用户和计算机，这两个工具默认只由域控制器提供，被管理的域账户包括用户账户、组账户和计算机账户等。

【拓展提高】

在现实环境中，由于用户较多，管理员会采用批量导出和导入用户的方法。微软公司默认提供了两个批量导入/导出工具，分别是 CSVDE（CSV 目录交换）和 LDIFDE（LDAP

数据互换格式目录交换），具体选择哪个工具取决于需要完成的任务。如果需要创建对象，那么既可以使用 CSVDE，也可以使用 LDIFDE；如果需要修改或删除对象，则必须使用 LDIFDE。这里以 CSVDE 命令为例，将其他 3 个组织单位和用户导入。

1）在命令提示符窗口中，切换到 C 盘根目录，输入命令"csvde -f　SAO.csv -d"OU=学生科，DC=abc,DC=com""，如图 6.31 所示。命令执行成功，提示导出了 4 个项目。

图 6.31

2）导出的 SAO.csv 文件要使用 Office 办公软件打开进行编辑，因为默认情况下，虚拟机是没有安装办公软件的，所以要把文件复制到物理机（此步骤自行完成）。在物理机中打开后，可以看到表格中有许多列，把一些不要的列删除，最终结果如图 6.32 所示。

DN	objectClass	description	displayName	sAMAccountName
OU=学生科,DC=abc,DC=com	organizationalUnit			
CN=黄超强,OU=学生科,DC=abc,DC=com	user	X' e5ada6e7949fe7a791e4b8bbe4bbbb'	X' e9bb84e8b685e5bcba'	Huangcq
CN=SAO-group,OU=学生科,DC=abc,DC=com	group	X' e5ada6e7949fe7a791e7bb84'		SAO-group
CN=SAO-PC,OU=学生科,DC=abc,DC=com	computer	X' e5ada6e7949fe7a791e794b5e88491'		SAO-PC$

图 6.32

3）再次对文件进行编辑，添加组织单元和用户信息，并删除之前导出的 4 行数据，最终结果如图 6.33 所示。编辑完成后，另存为 user.csv，并复制到虚拟机 ADServer 的 C 盘根目录下。

DN	objectClass	ou	description	displayName	sAMAccountName
OU=教务科,DC=abc,DC=com	organizationalUnit	教务科			
CN=刘春影,OU=教务科,DC=abc,DC=com	user		教务科主任	刘春影	Liucy
CN=TAO-group,OU=教务科,DC=abc,DC=com	group		教务科组		TAO-group
OU=后勤部门,DC=abc,DC=com	organizationalUnit	后勤部门			
CN=周文哲,OU=后勤部门,DC=abc,DC=com	user		后勤部门主任	周文哲	Zhouwz
CN=LD-group,OU=后勤部门,DC=abc,DC=com	group		后勤组		LD-group
OU=财务部,DC=abc,DC=com	organizationalUnit	财务部			
CN=黄春鼎,OU=财务部,DC=abc,DC=com	user		财务部主任	黄春鼎	Huangcd
CN=FD-group,OU=财务部,DC=abc,DC=com	group		财务组		FD-group

图 6.33

4）在命令提示符窗口中输入命令"csvde-I-f user.csv"，其中-I 是导入，-f 是指定文件，如图 6.34 所示。命令执行成功后，提示修改了 9 个条目。在"运行"对话框中输入"dsa.msc"命令，打开"Active Directory 用户和计算机"窗口，刷新后，可看到组织单位、组、用户均已导入成功。

图 6.34

5）使用 CSVDE 命令导入的用户默认是禁用状态，需要对用户设置密码并启用，在 CMD 命令行界面输入命令"dsquery user "OU=教务科,DC=abc,DC=com" | dsmod user -pwd Aa123456 -disabled no"，即更改教务科组织单元中所有用户的密码为 Aa123456，并启用账户。同理，对财务部和后勤部门设置账户密码并启用，命令成功执行后如图 6.35 所示。

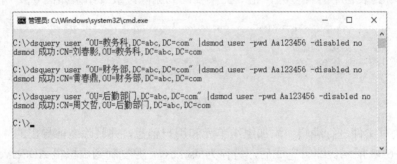

图 6.35

任务 6.3 将 Windows 计算机加入域

【任务目标】

把 Windows 10 客户端加入 abc.com 域。

【任务实现】

将 Windows
计算机加入域

具体操作步骤如下：

1）使用管理员账户登录 Windows 10 客户端，为 Windows 10 客户端配置 IP 地址，如图 6.36 所示，依次设置计算机的 IP 地址、子网掩码、默认网关与首选 DNS 服务器。

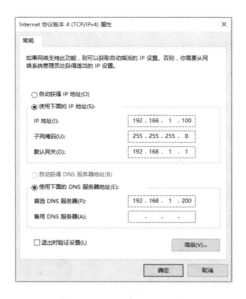

图 6.36

2）在命令提示符窗口中输入"ping abc.com"命令，测试与域控制器 DNS 服务器的连通性，如图 6.37 所示为正常解析 abc.com 域名 IP 为 192.168.1.200。

图 6.37

3）打开 Windows 10 客户端的"系统"窗口，如图 6.38 所示。

图 6.38

4）单击"更改设置"按钮，在弹出的"计算机名/域更改"对话框中，将隶属关系由原来的工作组"WORKGROUP"更改为域"abc.com"，如图 6.39 所示。

5）单击"确定"按钮，弹出"Windows 安全"对话框，系统提示"请输入有权限加入该域的账户的名称和密码"，按提示输入普通域账户及密码，如图 6.40 所示。

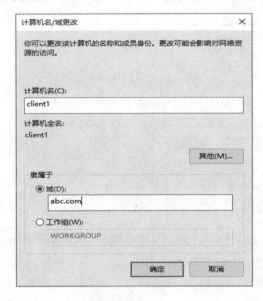

图 6.39

图 6.40

6）单击"确定"按钮，系统提示"欢迎加入 abc.com 域"，如图 6.41 所示。

7）单击"确定"按钮，出现需要重新启动计算机的提示，单击"确定"按钮即可。重新启动完毕后可选择使用其他用户登录，如图 6.42 所示，在"其他用户"界面中输入域用户账户与密码进行登录（如 huangcq@abc.com）。

图 6.41

图 6.42

8）在 Windows 10 客户端再次打开"系统"窗口，可以看到计算机已经处于域模式，如图 6.43 所示。

图 6.43

9）在"运行"对话框中输入"dsa.msc"命令，按 Enter 键后打开"Active Directory 用户和计算机"窗口，展开 abc.com→Computers 选项，可查看到已成功加入域的计算机 CLIENT1，如图 6.44 所示。

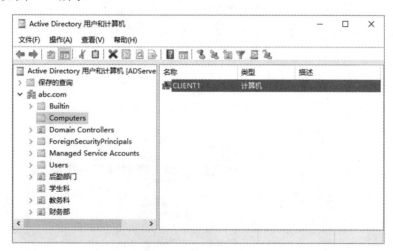

图 6.44

【相关知识】

当网络中的第一台域控制器创建完成后，该服务器就充当了管理者的角色，其他计算机需要加入域成为域成员后才能接受域控制器的集中管理和访问 Active Directory 数据库与其他域资源。以下是可以被加入域的系统版本：

➢ Windows Server 2019 Datacenter/Standard

➢ Windows Server 2016 Datacenter/Standard

➢ Windows Server 2012 Datacenter/Standard

➢ Windows Server 2008(R2) Datacenter/Enterprise/Standard

➢ Windows Server 2003(R2) Datacenter/Enterprise/Standard

➢ Windows 10 Enterprise/Pro

➢ Windows 8 Enterprise/Pro

➢ Windows 7 Ultimate/Enterprise/Professional

➢ Windows Vista Ultimate/Enterprise/Professional

➢ Windows XP Professional

【拓展提高】

1）使用本地管理员登录 Windows 10 客户机，将其重新加入工作组，退出域，并在域控制器中删除原加入域的 CLIENT1 计算机（如果系统自动删除 CLIENT1，图 6.46 的操作可忽略），如图 6.45 和图 6.46 所示。

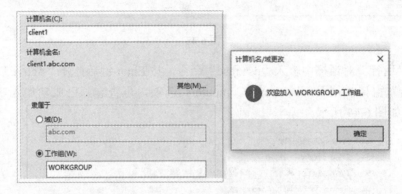

图 6.45

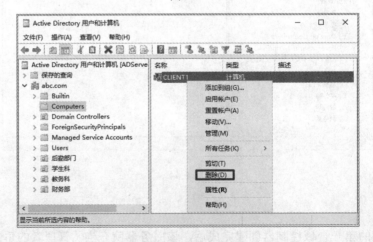

图 6.46

2）在本任务中我们看到普通的域用户就有权限将计算机加入域，出于安全考虑，应禁止普通域用户加域权限。如图 6.47 所示，默认普通域用户的权限是可以把 10 台计算机加入域，把 ms-DS-MachineAccountQuota 属性从 10 改为 0，普通域用户将失去加域权限。

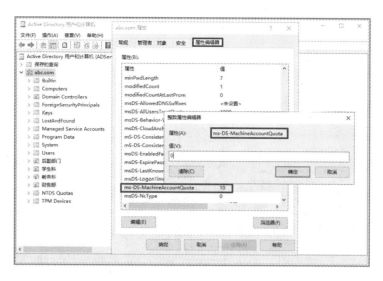

图 6.47

3）重启 Windows 10，使用本地管理员登录到系统，重新加域，此时普通域用户加域失败，提示"你的计算机无法加入域。已超出此域所允许创建的计算机账户的最大值……"，如图 6.48 所示。

4）重新输入域管理员的账户与密码后，成功加域，如图 6.49 所示。

图 6.48

图 6.49

任务 6.4 管理活动目录组账户

【任务目标】

使用域控制器内置的活动目录管理工具创建组账户，并把用户添加到组。

管理活动
目录组账户

【任务实现】

具体操作步骤如下：

1）打开域控制器，在"运行"对话框中输入"dsa.msc"命令，按 Enter 键后打开"Active Directory 用户和计算机"对话框，右击 abc.com 下拉选项中的 Users 选项，在弹出的快捷菜单中选择"新建"→"组"命令，如图 6.50 所示。

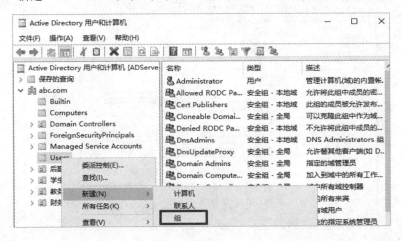

图 6.50

2）在弹出的"新建对象-组"对话框中，输入组名，选择组类型和组作用域等，这里输入安全组的组名为"Soft_RW"，选择组作用域为"本地域"，如图 6.51 所示。

3）单击"确定"按钮，双击刚创建好的本地域组 Soft_RW，打开"Soft_RW 属性"对话框，选择"成员"选项卡，单击"添加"按钮，通过高级查找功能，将学生科 SAO-group 全局组和教务科 TAO-group 全局组添加到 Soft_RW 本地域组中，如图 6.52 所示。

图 6.51

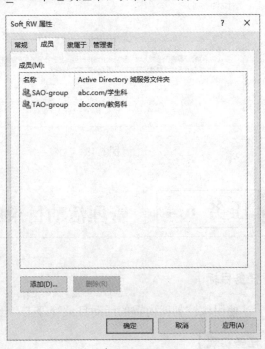

图 6.52

4）单击"确定"按钮，完成操作。

5）双击"学生科"组织单位，然后在当前窗口的右侧右击用户名，在弹出的快捷菜单中选择"添加到组"命令,如图 6.53 所示。

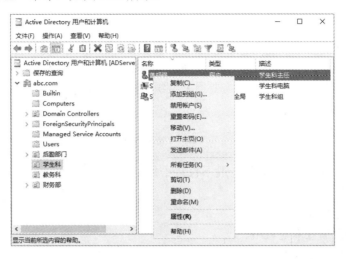

图 6.53

6)在弹出的"选择组"对话框中,输入 SAO-group 全局组,单击"确定"按钮,如图 6.54 所示。

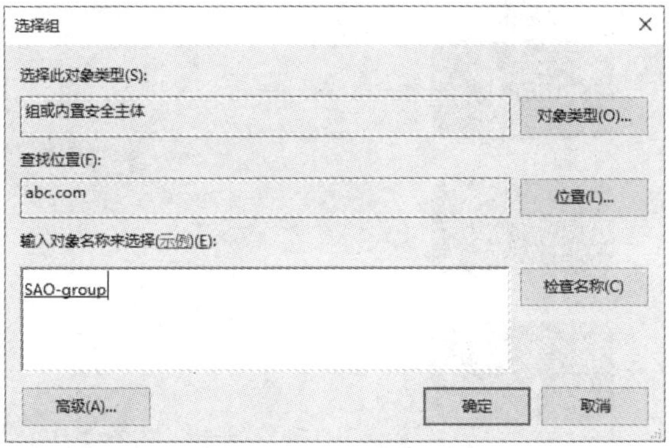

图 6.54

7)如图 6.55 所示,弹出对话框提示"已成功完成'添加到组'的操作",单击"确定"按钮即可。至此,将用户添加到组的操作完成。

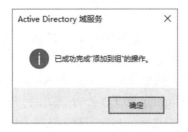

图 6.55

【相关知识】

Active Directory 域内的组按类型可分为安全组和通信组，其中安全组可以被用来设置权限与权利，如可以设置它们对文件具备读取的权限。以组的使用范围来看，域内的组可分为本地域组、全局组和通用组。其中本地域组主要用来指派其所属域内的访问权限，以便可以访问该域内的资源；全局组主要用来组织用户，可以将多个即将被赋予相同权限的用户加入同一个全局组中。

【拓展提高】

在域中实施 NTFS 权限分配一般不直接给每个账户权限，而是采用 AGDLP 规则。AGDLP 规则的含义如下：

➤ 将用户账户加入全局组。
➤ 将全局组加入本地域组。
➤ 给本地域组赋权限。

以 abc.com 域为例，网络管理员打算在学校域服务器上创建 Soft 文件夹存放软件，要求学生科与教务科的员工有读取和写入权限，而后勤部门与财务部的员工只有读取权限，如图 6.56 所示。

图 6.56

具体操作步骤如下：

1）配置 AGDLP 规则前，需先搭建好图 6.56 所示的域组织结构环境。按照任务 6.2 的操作分别为 4 个部门创建组织单元，各导入一个用户和一个全局组，按照任务 6.4 的操作创建 Soft_RW 本地域组，并将全局组 TAO-group 和 SAO-group 添加到 Soft_RW 组。还需创建 Soft_R 本地域组，并把 FD-group 和 LD-group 添加到 Soft_R 组，各个部门的用户也要添加到相应的全局组（关于域组织结构环境的搭建，这里不做截图，请根据图 6.56 先把环境搭好）。

2）打开命令提示符窗口，切换到 C 盘根目录，输入命令创建 Soft 目录，设置共享名为 Soft 的共享，如图 6.57 所示。

3）打开 C 盘，选择 Soft 文件夹右击，在弹出的快捷菜单中选择"属性"命令，在弹出的对话框中选择"共享"选项卡，在"高级共享"栏中单击"权限"按钮，弹出"Soft 的权限"对话框，将 Everyone 的权限修改为完全控制，然后单击"确定"按钮，如图 6.58 所示。

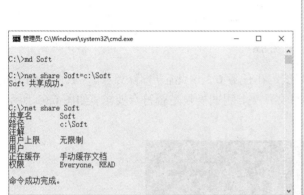

图 6.57

图 6.58

4）设置文件夹的安全权限。将 Soft_R 本地域组的权限设置为读取，Soft_RW 本地域组的权限设置为读取和写入，如图 6.59 和图 6.60 所示。

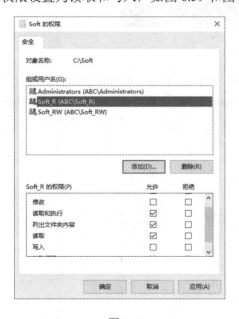

图 6.59

图 6.60

　　5）进入 Soft 文件夹，新建 test.txt 记事本，内容为"这是学校存放软件的共享文件夹---BY 阿斌"，如图 6.61 所示。

图 6.61

　　6）使用 Windows 10 客户端进行测试，在任务 6.3 中此客户端已经加入域，我们分别使用不同部门的用户进行登录，访问共享文件夹，测试权限是否符合要求。如图 6.62 所示，这里使用教务科用户 Liucy 登录系统。

图 6.62

　　7）登录后使用"\\ADServer\Soft"访问共享文件夹。Liucy 用户有读取和写入权限，双击 test.txt 记事本文件，可以正常打开，在 Windows 10 客户端新建 Liucy 文件夹，并成功上传到共享文件夹，如图 6.63 所示。

图 6.63

8）同理，使用后勤部门的用户 Zhouwz 登录，如图 6.64 所示。

图 6.64

9）登录后访问共享文件夹，可以打开 test.txt 记事本文件，验证有读取权限，然后新建 Sale-1 文件夹并上传到共享文件夹时被拒绝，验证没有写入权限，如图 6.65 所示。

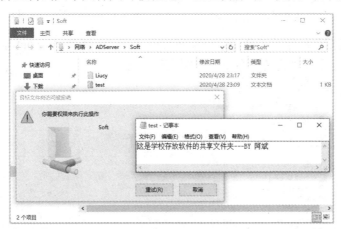

图 6.65

任务 6.5 ｜ 利用组策略分发 QQ 软件

【任务目标】

使用组策略管理器，为指定的组织单位配置组策略实现软件分发，并在用户登录时安装。

利用组策略
分发 QQ 软件

【任务实现】

具体操作步骤如下：

1）在网上下载 MSI 转换工具及 QQ 的最新版本，使用 MSI 转换工具把 QQ 由 EXE 格式转换为 MSI 格式，如图 6.66 所示。转换完成后保存到 C 盘的 Soft 共享文件夹下。

2）在"运行"对话框中输入"gpmc.msc"命令，如图 6.67 所示。

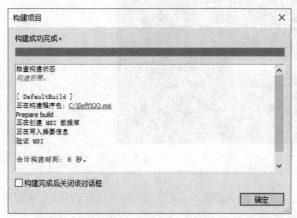

图 6.66   图 6.67

3）单击"确定"按钮后，弹出"组策略管理"窗口，展开 abc.com 域，在"组策略对象"选项上右击，选择"新建"命令，如图 6.68 所示。

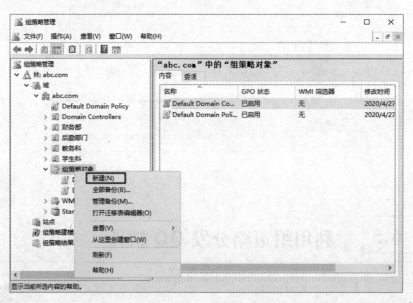

图 6.68

4）在弹出的"新建 GPO"对话框中，输入规划好的 GPO 名称（如"分发软件"），然后单击"确定"按钮，如图 6.69 所示。

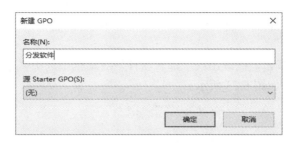

图 6.69

5）在"组策略管理"窗口右侧窗格中右击 GPO"分发软件"，在弹出的快捷菜单中选择"编辑"命令，如图 6.70 所示。

图 6.70

6）打开"组策略管理编辑器"窗口，展开"用户配置"→"策略"→"软件设置"选项，右击"软件安装"，在弹出的快捷菜单中选择"新建"→"数据包"命令，如图 6.71 所示。

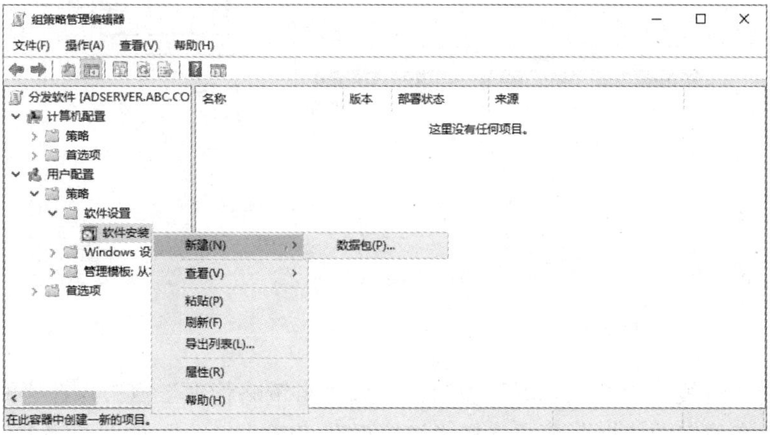

图 6.71

7）弹出"打开"对话框，在地址栏里输入"\\192.168.1.200\Soft"，选中 QQ.msi 文件，如图 6.72 所示。

8）单击"打开"按钮，在弹出的"部署软件"对话框中选中"已分配"单选按钮，然后单击"确定"按钮，如图 6.73 所示。

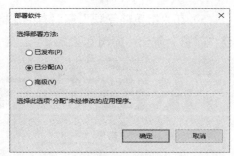

图 6.72　　　　　　　　　　　　　　　图 6.73

9）如图 6.74 所示，将已分配的 QQ 软件来源指向共享的地址"\\192.168.1.200\Soft\QQ.msi"。双击刚分配的 QQ 软件，在弹出的"QQ 属性"对话框中选择"部署"选项卡，选中"在登录时安装此应用程序"复选框，然后单击"确定"按钮，如图 6.75 所示。

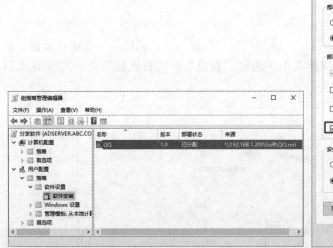
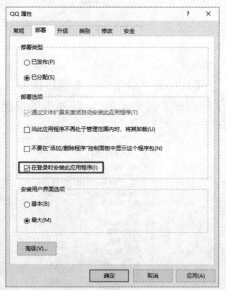

图 6.74　　　　　　　　　　　　　　　图 6.75

10）关闭"组策略管理编辑器"窗口，回到"组策略管理"窗口，在"财务部"组织单位上右击，在弹出的快捷菜单中选择"链接现有 GPO"命令，如图 6.76 所示。

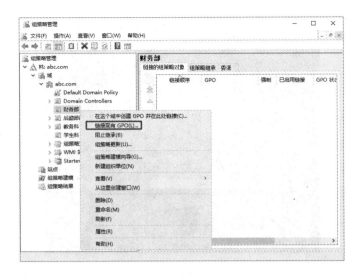

图 6.76

11）弹出"选择 GPO"对话框，在"组策略对象"列表框中选择"分发软件"，然后单击"确定"按钮，如图 6.77 所示。

图 6.77

12）打开命令提示符窗口，输入"gpupdate /force"命令并执行，如图 6.78 所示，然后刷新组策略，以便使上述设置立即生效。

图 6.78

13）切换到 Windows 10 客户端，使用财务部用户 huangcd 登录，如图 6.79 所示。

图 6.79

14）财务部组织单位的用户登录成功后自动弹出软件的安装界面，如图 6.80 所示。

图 6.80

15）如图 6.81 所示，也可通过"程序和功能"组件对 QQ 软件进行安装。

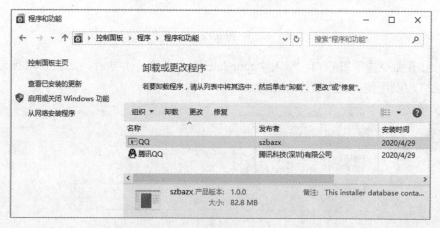

图 6.81

小贴士

如果出现不能分发的问题，可以考虑从以下两个方面排查。

➢ 测试软件分发的域用户是否有读取共享文件夹的权限。

➢ 重启域控制器及客户端计算机。

【相关知识】

安装和维护软件对于网络管理员来说是一件特别耗时的事。现在技术的不断发展也同时带动着软件的频繁更新，为了适应公司作业的需求，软件需要不断安装与卸载。对一两台机器采用手动安装不是件难事，但是有几十、上百甚至更多的客户端要同时安装新软件时，采用手动操作可想而知是件又耗时又费力的事。所以需要更为简单可行的办法——利用组策略分发应用程序。

MSI 是实现软件分发功能所必需的文件格式。MSI 文件通常包含安装内置程序所需要的环境信息和安装或卸载程序时需要的指令和数据。当用户双击 MSI 文件时，与之关联的 Windows Installer 的一个文件 Msiexec.exe 将会被调用，它将用 Msi.dll 读取软件包（.msi）和转换文件（.mst），以便进行下一步的处理。

【拓展提高】

1）给后勤部门的组织单位创建域策略，使该组织单位的所有用户统一桌面背景。

2）为计算机网络专业的学生创建 STU-NETWORK 组织单位，配置该组织单位域策略的软件限制策略，对《英雄联盟》和《绝地求生》等游戏程序进行限制。

项目实训

【实训说明】

某公司采用域管理，域名为 Test.com，已知公司有四大部门：技术部、人事部、销售部和财务部。

1）域服务器的主机名和对应 IP 如表 6.1 所示。

项目实训

表 6.1　域服务器的主机名和对应 IP

主机名	IP	备注
DC01	172.16.0.200/22	主域
DC02	172.16.3.200/22	额外域（计划备用，此项目无须安装）

2）组织单位、组、用户、IP 地址规划如表 6.2 所示。

表 6.2　组织单位、组、用户、IP 地址规划

部门 OU	人数	用户名	OU 管理员	全局组	隶属本地域组
技术部	100	Tec1～Tec100	Tec1	Tec-group	Test_RW
人事部	30	HR1～HR30	HR1	HR-group	Test_R

续表

部门 OU	人数	用户名	OU 管理员	全局组	隶属本地域组
销售部	200	Sale1~Sale200	Sale1	Sale-group	Test_R
财务部	20	FD1~FD20	FD1	FD-group	Test_RW

【实训要求】

1）安装 Windows Server 2019 系统，计算机名为 DC01，IP 地址为 172.16.0.200/22，首选 DNS 服务器为 172.16.0.200/22，安装活动目录，域名为 Test.com，升级为域控制器。

2）使用批量导入用户的方法，将表 6.2 中的 4 个组织单位、350 个用户、4 个全局组进行批量导入。

3）给 4 个组织单位的用户设置统一密码"Test2020"，启用账户。

4）出于安全考虑，财务部的域账户只有周一至周五的 8:00~16:00 方可登录。

5）把用户添加到全局组，创建 Test_RW 和 Test_R 两个本地域组，把相应的全局组添加到本地域组。

6）创建 TEST 共享文件夹，赋予 Test_RW 读写权限，Test_R 只读权限。

7）出于安全考虑，限制财务部的员工使用 QQ。

8）出于安全考虑，禁止普通域用户具备加域权限，但委派各 OU 的管理员有将计算机加域的权限。

9）使用一台装有 Windows 10 系统的计算机为客户端，计算机名为 client1，IP 地址为 172.16.3.1/22，首选 DNS 服务器为 172.16.0.200/22，将该客户端加入域。

项目评价

1）把 DC01 升级为域控制器，域名为 Test.com，把 client1 客户机加入域。

2）批量导入用户，实现添加 4 个组织单位、350 个用户、4 个全局组。

3）对各组织单位的用户统一设置密码，启用账户。

4）设置财务部用户的可登录时间，并测试在非登录时间，用户登录失败。

5）测试不同员工具备对共享文件夹的不同权限，在此以技术部和人事部的员工为例。

6）使用本地管理员登录客户机，安装好 QQ 软件，切换用户登录，使用财务部员工的域账户登录后，不能运行 QQ 程序。

7）把 client1 客户机退域，使用普通域用户加域失败，使用 OU 管理员用户，如 Tec1 加域成功。

项目 7　　安装与管理 DNS

情景故事

　　管理员阿斌又接到一个任务，为了方便学校老师及时地了解学校内部的信息，需要搭建一台 Web 服务器，但老师只能通过 IP 地址访问站点，而服务器的 IP 地址并不容易记忆，使用很不方便。因此，学校领导找到阿斌，想要其实现域名访问的功能。为了解决此问题，阿斌认为可以通过在学校内部网络中配置一台 DNS（domain name server）服务器来实现，使得老师能像访问百度、网易等一样，用域名网址的方式访问服务器。

案例说明

　　本例要实现 IP 地址与域名之间的转换，即进行域名解析。实现域名解析功能的就是 DNS 服务器，它为每台主机建立 IP 地址与域名之间的映射关系。
　　在学校内部配置 DNS 服务器后，学校老师就可以通过域名来访问学校的主页了。

技能目标

- 掌握安装 DNS 服务器的方法。
- 掌握配置 DNS 正向区域和反向区域的方法。
- 理解 DNS 服务的高级设置，包括创建主机名和别名记录。
- 掌握 DNS 客户端的设置方法。

任务 7.1 | 安装 DNS

【任务说明】

在 Windows Server 2019 操作系统下，首先设置服务器 IP 地址，接着在
"配置此服务器"界面中，单击"添加角色"进行安装。

安装 DNS

安装完毕后，打开 DNS 服务器的操作界面，熟悉界面及一些操作。

【任务目标】

通过安装向导完成 DNS 服务器的安装。

【任务实现】

1）右击桌面图标"网络"并选择"属性"命令，在弹出的"网络和共享中心"对话框
中单击"Ethernet O"链接，打开"Ethernet O 状态"对话框，单击 "属性"按钮，进入"本
地连接 属性"对话框，双击"Internet 协议版本 4（TCP/IPv4）"选项，打开"Internet 协议
版本 4（TCP/IPv4）属性"对话框，设置 IP 地址等信息后单击"确定"按钮，如图 7.1 所示。

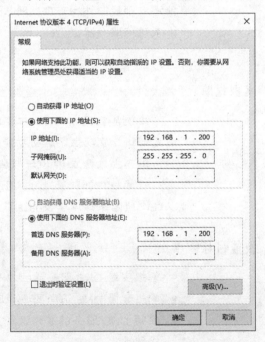

图 7.1

2）选择"开始"→"服务器管理器"→"添加角色和功能"，在打开的"添加角色和
功能向导"对话框中，按向导提示进行安装，第一个界面为安装提示，直接单击"下一步"
按钮，如图 7.2 所示。

图 7.2

3）在"选择安装类型"界面中选中"基于角色或基于功能的安装"单选按钮，如图 7.3 所示。

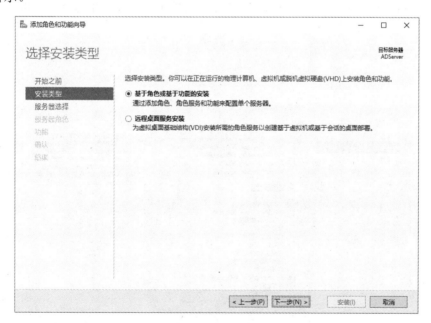

图 7.3

4）在"选择目标服务器"界面中选中"从服务器池中选择服务器"单选按钮，然后在服务器池中选择要把服务器安装到哪台计算机中，单击"下一步"按钮，如图 7.4 所示。

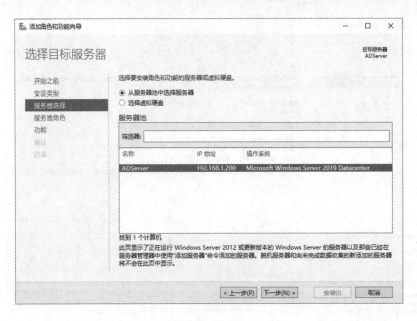

图 7.4

5）在"选择服务器角色"界面中选中"DNS 服务器"复选框，在弹出的功能配置窗口中添加 DNS 服务器所需的功能，返回到"选择服务器角色"界面，就会看到"DNS 服务器"复选框已被选中，说明已经选择了需要安装的服务功能，单击"下一步"按钮，如图 7.5 所示。

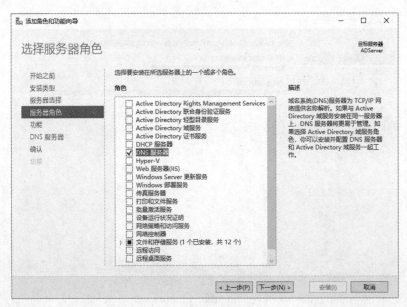

图 7.5

6）在"选择功能"界面中直接单击"下一步"按钮，因为在前面已经选择了"DNS服务器"角色，因此这里系统自动选择了需要安装的功能。在"DNS 服务器"界面中对选择的服务进行说明，直接单击"下一步"按钮，如图 7.6 所示。

图 7.6

7）在"确认安装所选内容"界面中对选择的服务器进行确认，确认后系统就会开始安装选择的服务，查看没有问题后单击"安装"按钮，如图 7.7 所示。

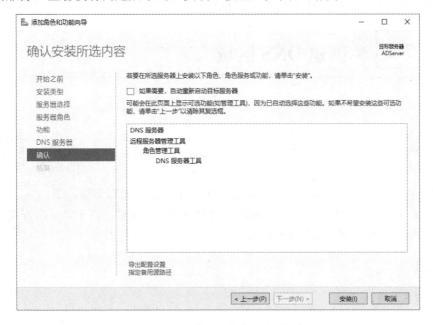

图 7.7

8）在"安装进度"界面中将显示安装进度，如图 7.8 所示。

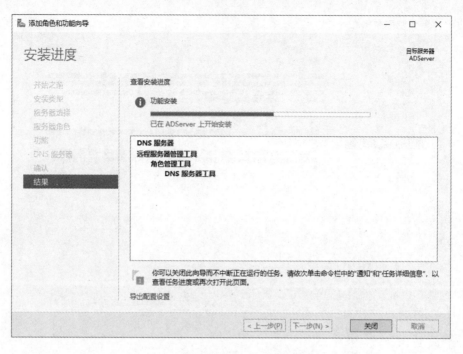

图 7.8

9）当出现安装成功的提示后，单击"关闭"按钮结束安装。

任务 7.2 | 创建 DNS 区域

【任务目标】

进入 DNS 服务器的操作界面，创建一个正向查找区域和一个反向查找区域。

创建 DNS 区域

在"服务器管理器"界面中，进入角色"DNS 服务器"操作界面，于"正向查找区域"根目录下新建一个区域，区域名为"abc.com"；再于"反向查找区域"根目录下新建一个区域，网络 ID 为 192.168.1。

【任务实现】

1. 创建正向查找区域

1）选择"开始"→"服务器管理器"→"工具"→"DNS"选项，打开 DNS 服务器管理界面，如图 7.9 所示。

2）图 7.10 为安装后首次启动 DNS 的界面，双击左侧目录中的 ADSERVER（即计算机名称）选项，展开目录。

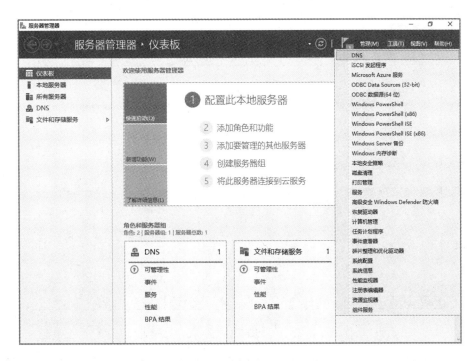

图 7.9

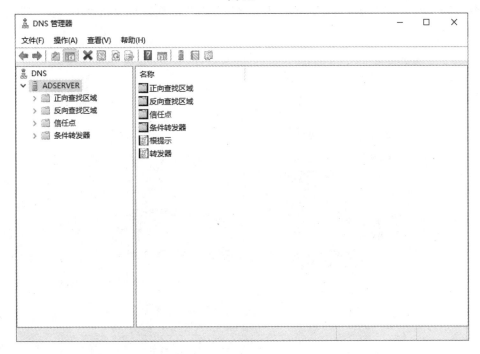

图 7.10

3）在展开的目录中右击"正向查找区域"选项，在弹出的快捷菜单中选择"新建区域"命令，如图 7.11 所示。

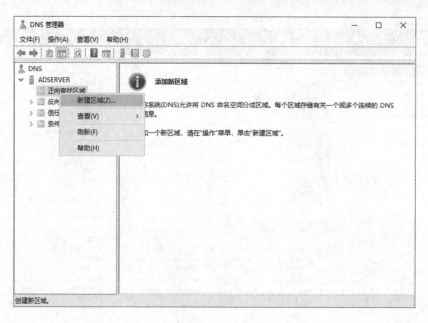

图 7.11

4）打开"新建区域向导"对话框，在"区域类型"界面中选择需要创建的区域类型，因为现在创建的是第一个，因此选中"主要区域"单选按钮，再单击"下一步"按钮，如图 7.12 所示。

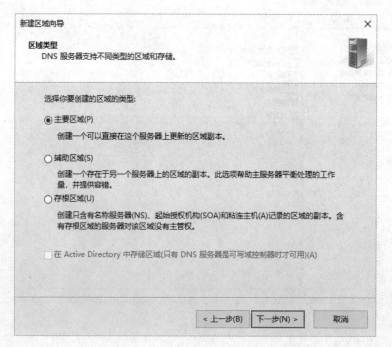

图 7.12

5）在"区域名称"界面中输入需要创建的区域名称（如 abc .com），再单击"下一步"按钮，如图 7.13 所示。

图 7.13

6）在打开的"区域文件"界面中，系统会自动生成区域文件名称，这里采用默认的文件名称，直接单击"下一步"按钮，如图 7.14 所示。

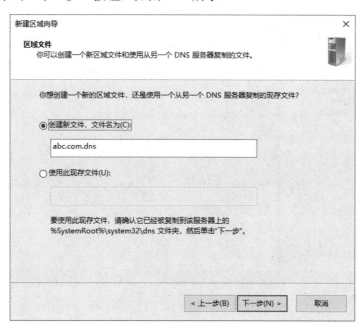

图 7.14

7）在"动态更新"界面中，选中"允许非安全和安全动态更新"单选按钮，再单击"下一步"按钮，如图 7.15 所示。

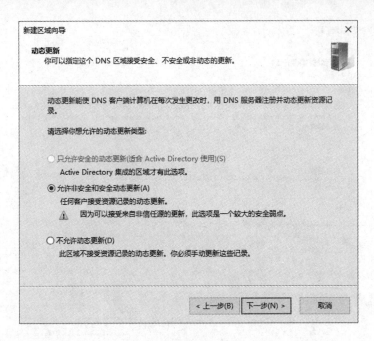

图 7.15

8）到这里区域创建便完成了，单击"完成"按钮，返回"DNS 管理器"窗口，在"正向查找区域"根目录下可以看到刚刚创建完成的区域目录，如图 7.16 所示。

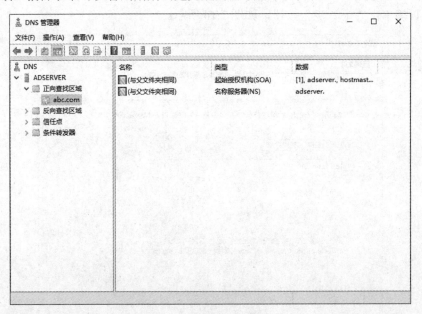

图 7.16

2. 创建反向查找区域

1）单击"反向查找区域"，等前面的箭头消失后，右击并选择"新建区域"命令，如图 7.17 所示。

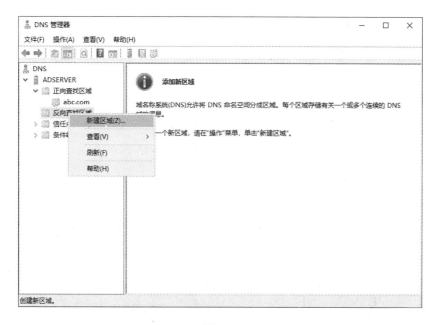

图 7.17

2）在弹出的"新建区域向导"对话框中单击"下一步"按钮。在"区域类型"界面中仍然选中"主要区域"单选按钮，单击"下一步"按钮。在选择 IP 时，选择 IPv4，因为目前使用的地址是 IPv4，所以直接单击"下一步"按钮即可，如图 7.18 所示。

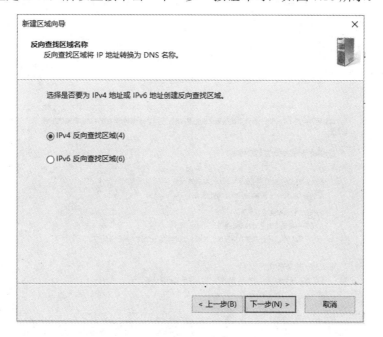

图 7.18

3）在"反向查找区域名称"界面中的"网络 ID"文本框中输入网络 ID。例如，要查找的 IP 地址为 192.168.1.16，则应该在"网络 ID"文本框中输入"192.168.1"，这样网络段 192.168.1.0 中的所有反向查询都将在这个区域中解析，如图 7.19 所示。

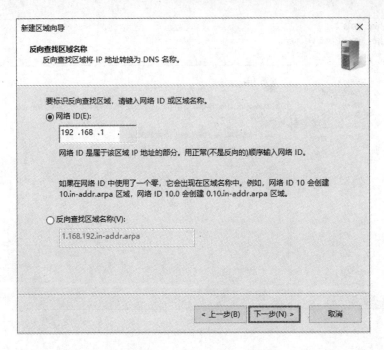

图 7.19

4）在"区域文件"界面中，系统会自动生成区域文件名称，这里采用默认的文件名称，直接单击"下一步"按钮，进入"动态更新"界面，选中"不允许动态更新"单选按钮，单击"下一步"按钮，如图 7.20 所示。

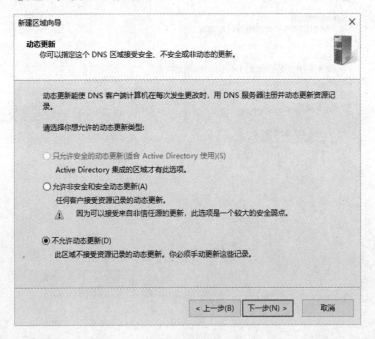

图 7.20

5）至此，反向查找区域就创建完成了，单击"完成"按钮，如图 7.21 所示。

图 7.21

6）返回"DNS 管理器"对话框，在"反向查找区域"根目录下便会出现刚刚创建的网络 ID 区域，如图 7.22 所示。

图 7.22

【相关知识】

1. 主要区域

主要区域用来存储区域中的主副本，当 DNS 服务器创建主要区域后，该 DNS 服务器就是这个区域的主要名称服务，可以直接在该区域添加、删除或修改 DNS 记录，区域内的记录存储在 AD 数据库中。

2. 辅助区域

辅助区域即为辅助 DNS 服务器区域，为了避免由于 DNS 服务器软硬件故障导致 DNS

解析失败，通常都安装两台 DNS 服务器，一台作为主服务器，一台作为辅助服务器。当主 DNS 服务器正常运行时，辅助服务器只起备份作用；当主 DNS 服务器发生故障时，辅助 DNS 服务器便立即启动承担 DNS 解析服务，自动从主 DNS 服务器上获取相应的数据，因此无须在辅助 DNS 服务器中添加各种主机记录。

3. 存根区域

存根区域只包含用于标识该区域的权威 DNS 服务器所需的资源记录。含有存根区域的 DNS 服务器对该区域没有管理权，它维护着该区域的权威 DNS 服务器列表，列表存放在 NS 资源记录中。DNS 服务器向存根区域的 NS 资源记录中指定的权威 DNS 服务器发送迭代查询，仿佛在使用其缓存中的 NS 资源记录一样。

4. DNS 的动态更新

动态更新是指当 DNS 客户机发生更改时，可以使用 DNS 服务器注册和动态更新其资源记录。例如，绝大部分 Internet 用户上网的时候分配到的 IP 地址都是动态的，如果用传统的静态域名解析方法，用户想把联网的计算机处理成一个有固定域名的网站就必须用到动态域名，此时用户便可以申请一个域名，利用动态域名解析服务，把域名与联网的计算机绑定在一起，这样就可以在家里或公司里搭建自己的网站，非常方便。

【拓展提高】

DNS 辅助
区域配置

在现实中，有时会出现因主 DNS 服务器发生故障而导致所有的域名都无法解析，因此主 DNS 服务器在维护期间需要有一台辅助 DNS 服务器来维持域名解析工作，并且此辅助服务器无须重新添加各种主机记录。下面为 Server1 服务器实现 DNS 辅助服务器，设置其 IP 地址为 192.168.1.201，让其在主 DNS 服务器上配置区域复制属性，在 Server1 上创建辅助区域，具体步骤如下：

（1）在 ADServer 服务器上实现

1）关掉系统的防火墙。

2）打开"DNS 管理器"界面，右击"正向查找区域"根目录下的"abc.com"选项，选择"属性"命令。

3）在打开的"abc. 属性"对话框中，选择"区域传送"选项卡，选中"允许区域传送"复选框，再选中"只允许到下列服务器"单选按钮，然后单击"编辑"按钮，在"IP 地址"文本框中输入 IP 地址 192.168.1.201，单击"确定"按钮，如图 7.23 所示。

（2）在 Server1 服务器上实现

1）关掉系统的防火墙。

2）配置 IP 地址信息为 192.168.1.201、255.255.255.0，首选 DNS 服务器为 192.168.1.200。

3）安装 DNS 服务器。

图 7.23

4）打开辅助 DNS 服务器的管理控制界面，右击"正向查找区域"选项并选择"新建区域"命令，弹出"新建区域向导"对话框，在"区域类型"界面中选中"辅助区域"单选按钮，单击"下一步"按钮，如图 7.24 所示。

5）在"区域名称"界面中，输入域名为"abc.com"（注：和主 DNS 服务器中的正向查找区域同名），单击"下一步"按钮。

6）在"主 DNS 服务器"界面的 IP 地址文本框中，输入主 DNS 服务器的 IP 地址，即 192.168.1.200，如图 7.25 所示。

7）按 F5 键刷新，可以看到辅助 DNS 服务器从主 DNS 服务器复制的区域，如图 7.26 所示。

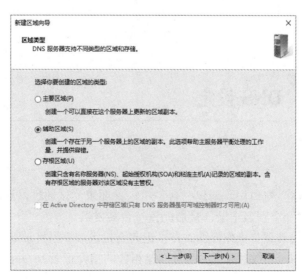

图 7.24

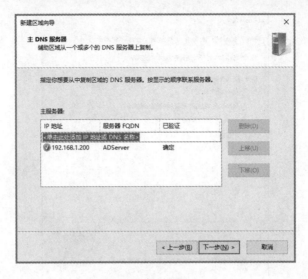

图 7.25

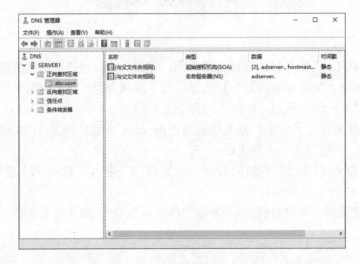

图 7.26

任务 7.3 DNS 设定

【任务目标】

在"DNS 管理器"窗口中，新建一台主机，并要求测试通过，然后为原来的主机记录创建一个别名记录，最后配置一台转发器。

DNS 设定

1）进入"DNS 管理器"操作界面，在"正向查找区域"根目录下新建一台名为 www、完整域名为 www.abc.com 的主机（注意有创建相关的指针记录），并测试通过。

2）和创建主机相类似，在 abc.com 域中建立一个主机的别名记录。

3）在 DNS 服务器名称（如 TI10）上右击并选择"属性"命令，打开域服务器属性对话框，在"转发器"选项卡中进行设置。

【任务实现】

1. 新建主机记录

1）选择"开始"→"服务器管理器"→"工具"→"DNS"选项，在打开的"DNS 管理器"对话框的右侧空白处右击并选择"新建主机"命令，如图 7.27 所示。

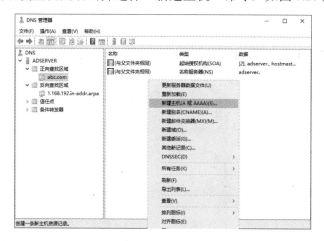

图 7.27

2）弹出"新建主机"对话框，输入主机名称（如 www）、IP 地址（如 192.168.1.201），同时选中"创建相关的指针（PTR）记录"复选框，然后单击"添加主机"按钮完成设置，如图 7.28 所示。

图 7.28

> **注 意**
>
> 此处"创建相关的指针记录"也可以通过反向查找区域"新建指针"项来实现，详细阅读后面的"拓展提高"内容。

3）弹出提示成功创建了主机记录的对话框，如图 7.29 所示。

图 7.29

4）此时，可以在"DNS 管理器"窗口中的"正向查找区域"的 abc.com 下，看到新创建的主机记录 www，如图 7.30 所示。

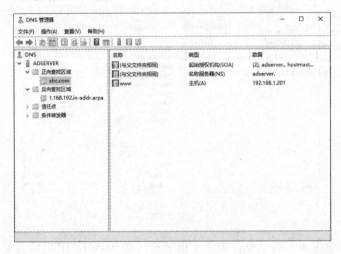

图 7.30

2. 新建别名记录

1）在"DNS 管理器"窗口的右侧空白处右击并选择"新建别名"命令，如图 7.31 所示。

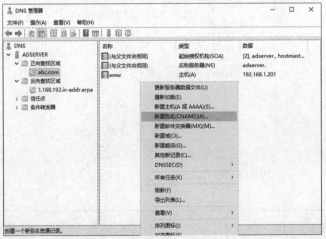

图 7.31

2）弹出"新建资源记录"对话框，输入"别名"（如 www1）和"目标主机的完全合格的域名"（www.abc.com），然后单击"确定"按钮，如图 7.32 所示。

提示："目标主机的完全合格的域名"可以单击"浏览"按钮，通过浏览 DNS 区域来获得，如图 7.33 所示。

图 7.32 　　　　　　　　　　　　　图 7.33

3）此时便完成了别名记录的创建，在"DNS 管理器"对话框的区域 abc.com 中可以看到别名记录 www1，如图 7.34 所示。

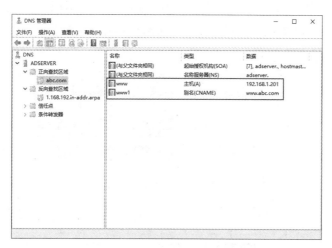

图 7.34

创建别名记录以后，计算机就能将 www1.abc.com 解析为 192.168.1.200（www.abc.com）。

3. 配置转发器

DNS 服务器可以解析自己区域文件内的域名，那么对于本 DNS 服务器上没有的域名又该如何查询或解析呢?答案是直接将请求发给其他可以联系上的 DNS 服务器,该 DNS 服务器就是转发器。

这里假设本地 DNS 服务器的 IP 地址为 192.168.1.200,转发器的 IP 地址为 202.96.128.143。下面简单介绍配置转发器的步骤。

1)打开"DNS 管理器"对话框,右击本地 DNS 服务器,即 ADSERVER,选择"属性"命令,如图 7.35 所示。

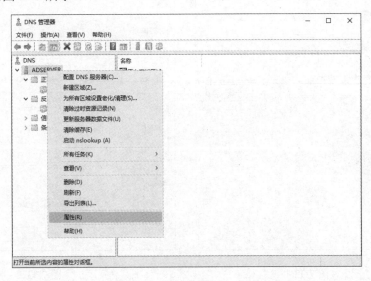

图 7.35

2)弹出"ADSERVER 属性"对话框,选择"转发器"选项卡,单击"编辑"按钮,在弹出的"添加转发器"对话框中输入转发器的地址,如 202.96.128.143,然后单击"添加"按钮,回到"ADSERVER 属性"对话框,即可看到添加的转发器,如图 7.36 所示。

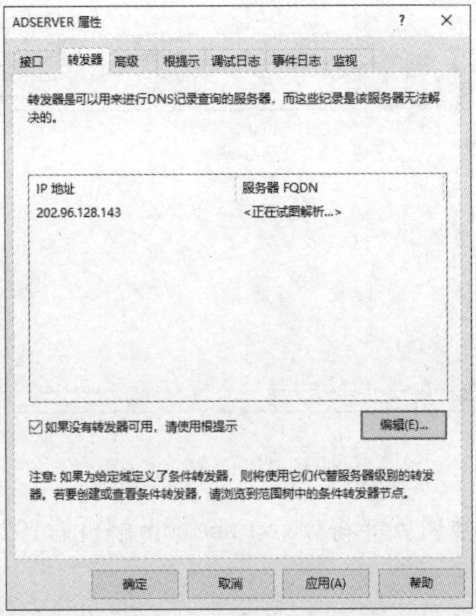

图 7.36

如果服务器 202.96.128.143 上有域名 www.tianya.cn,而本地 DNS 服务器上没有该记录,则本地 DNS 服务器就可以通过转发器解析到域名 www.tianya.cn,然后该记录会被缓存到本地的 DNS 服务器中,下次就可以直接通过本地的 DNS 服务器来解析 www.tianya.cn 而无须查找转发器。

【相关知识】

1. 主机记录

主机记录也称为 A 记录,是使用最广泛的 DNS 记录。A 记录的基本作用就是说明一个域名对应的 IP 是多少,它是域名和 IP 地址的对应关系,表现形式为 www.abc.com 192.168.1.200。A 记录除了进行域名和 IP 对应以外,还有一个高级用法,即可以作为低成本的负载均衡的解决方案,如 www.abc.com 可以创建多个 A 记录,对应多台物理服务器的 IP 地址,从而实现基本的流量均衡。

2. 别名记录

别名记录即 CNAME 记录。这种记录允许将多个名字映射到同一台计算机,通常用于同时提供 WWW 和 MAIL 服务的计算机。例如,有一台计算机名为 host.abc.com（DNS 主机记录名）,它同时提供 WWW 和 MAIL 服务,为了便于用户访问服务,可以为该计算机设置两个别名（CNAME）,即 WWW 和 MAIL,这两个别名的全称就是 http://www.abc.com/ 和 mail.abc.com,实际上它们都指向 host.abc.com。

3. 指针记录

指针记录也称为 PTR 记录,PTR 记录是 A 记录的逆向记录,作用是把 IP 地址解析为域名。由于我们在前面提到过,DNS 的反向区域负责从 IP 到域名的解析,因此如果要创建 PTR 记录,必须在反向区域中创建。

4. 转发器

转发器是网络上的域名系统（DNS）服务器,用来将外部 DNS 名称的 DNS 查询转发给该网络外的 DNS 服务器。例如,当网络中的某台主机要与位于本网络外的主机通信时,就需要从外界的 DNS 服务器进行查询,并由其提供相应的数据。但为了安全起见,一般不希望内部所有的 DNS 服务器都直接与外界的 DNS 服务器建立联系,而是只让一台 DNS 服务器与外界建立直接联系,网络内的其他 DNS 服务器则通过这一台 DNS 服务器来与外界进行间接的联系。这台直接与外界建立联系的 DNS 服务器便称为转发器。

【拓展提高】

反向查找区域在实验或网络调试中有大作用,在建立正向查找区域的主机记录时,一般应同时创建相关的指针记录,但当我们无法创建或是忘记创建时则可以通过反向查找区域来建立指针记录。下面简单介绍在反向查找区域中建立指针记录的步骤。

1）在 "DNS 管理器" 对话框的右侧空白处右击并选择 "新建指针" 命令,如图 7.37 所示。

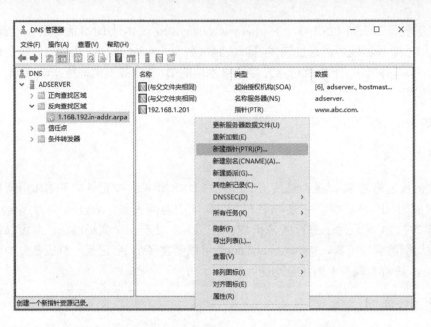

图 7.37

2）在弹出的"新建资源记录"对话框中，设置"主机 IP 地址"为 192.168.1.201，"主机名"可通过单击"浏览"按钮获得，如图 7.38 所示。

图 7.38

3）此时，便可以在"DNS 管理器"对话框中的"反向查找区域"的 1.168.192.in-addr.arpa 下看到新添加的指针记录，如图 7.39 所示。

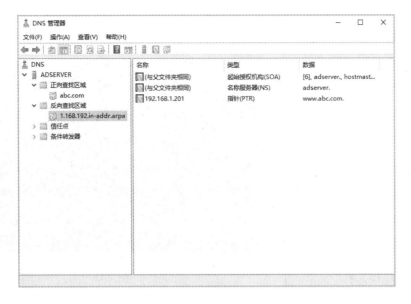

图 7.39

任务 7.4 | DNS 客户端测试

【任务目标】

1）客户机静态 DNS 服务器地址的设置。

2）在客户机上进行 DNS 服务器的测试。

3）在客户机上的 IPv4（TCP/IP）属性中进行设置。

4）在客户机上对 DNS 服务器进行正确性测试。

DNS 客户端
测试

【任务实现】

1. 客户机静态 DNS 服务器地址的设置

右击桌面图标"网络"并选择"属性"命令，在弹出的"网络和共享中心"对话框中单击本地连接的"查看状态"按钮，打开"本地连接状态"对话框，单击"属性"按钮，进入"本地连接属性"对话框，双击"Internet 协议版本 4（TCP/IPv4）"选项，打开"Internet 协议版本 4（TCP/IPv4）属性"对话框，如图 7.40 所示，设置各个 IP 地址后单击"确定"按钮。

2. 测试

（1）使用命令 nslookup 进行测试

打开 DOS 命令提示符，在其中分别输入"nslookup www.abc.com"和"nslookup www1.abc.com"命令，然后按 Enter 键，可以看到测试所得到的结果，如图 7.41 所示。

图 7.40　　　　　　　　　　　　图 7.41

（2）使用 ping 命令进行测试

打开 DOS 命令提示符,在其中分别输入命令 ping www.abc.com 和 ping www1.abc.com,而后按 Enter 键运行，所得到的测试结果如图 7.42 所示。

图 7.42

【相关知识】

nslookup 命令用于查询 DNS 的记录、查看域名解析是否正常，或在网络出现故障时用来诊断网络问题。

（1）直接查询

直接查询使用最多，用于查询一个域名的 A 记录。其命令格式如下：

nslookup domain [dns-server]

（2）查询其他记录

直接查询返回的是 A 记录，我们也可以指定参数，查询其他记录，如 AAAA、MX 等。其命令格式如下：

nslookup -qt=type domain [dns-server]

项目实训

【实训说明】

某企业要构建一台 DNS 服务器，要求能进行本地域名的正向和反向解析，并能实现以下功能：

1）设置如表 7.1 所示的主机名。

表 7.1　需设置的主机名和对应地址

主机名	对应地址
www.sx1.com	192.168.1.7
www.sx2.com	192.168.2.7

2）设定以上主机的反向解析地址。

3）启动 DNS 服务器的动态更新功能。

4）在客户机上使用 ping 命令测试 www.sx1.com 是否成功连接。

5）在客户机上使用 nslookup 命令测试 www.sx2.com 是否成功连接。

6）设置一台辅助服务器。

【实训要求】

1）在实验机器上安装 DNS 服务器。

2）设定主机的反向查找区域，使得服务器能反向解析地址。

3）在 DNS 服务器上设置两个主机名，分别为 www.sx1.com 和 www.sx2.com。

4）启动 DNS 服务器的动态更新功能，使得该服务器的域名库能随时获取新的域名信息。

5）设置好客户端，能让所有的客户能通过该 DNS 服务器识别网络上的域名，并在客户端上使用 DOS 命令测试。

6）创建一台新的 DNS 服务器，在该服务器上建立一个辅助区域，IP 地址为 202.98.122.23。

项目评价

1）在实验机器上有 DNS 服务器，并可打开"DNS 管理器"窗口查看。

2）在"DNS 管理器"窗口中可以查看到反向查找区域的区域名，如 1.168.192.in-addr.arp。

3）在"DNS 管理器"窗口中的正向查找区域中可查看到两个主机记录，分别为 www.sx1.com 和 www.sx2.com，并通过 DOS 命令提示符中的 nslookup 命令测试通过。

4）DNS 服务器可以动态更新。

5）通过客户端机器，在 IE 上输入域名，如 www.sx1.com，而后客户机能够解析。

6）在另一台服务器上建立一个辅助区域，然后把原来的 DNS 服务器关闭，测试是否依然能够通过客户机的 IE 访问域名 www.sx1.com。

读书笔记

项目 8 IIS 网站的架设与管理

情景故事

　　学校师生希望及时了解学校内部的信息，于是学校领导找来网络管理员阿斌，要求其通过学校内部网络发布信息，阿斌轻松接下任务，因为阿斌已经有了主意。

案例说明

　　本例在安装有 Windows Server 2019 的计算机上添加 Web 服务器角色，并使用 IIS 来配置 Web 服务器，从而实现内部信息的发布。

技能目标

- 掌握添加 IIS 服务的步骤。
- 掌握配置和管理 Web 站点的方法和步骤。
- 理解虚拟目录的含义和用途。
- 掌握默认文档的设置方法。
- 掌握在一台服务器上建立多个 Web 站点（虚拟主机）的方法和步骤。

任务 8.1　安装与测试 IIS

【任务目标】

在 Windows Server 2019 上添加 IIS 服务，并能通过 http://localhost 浏览
默认页面。

安装与测试 IIS

【任务实现】

1. 添加 Web 服务器角色

1）单击"开始"按钮，然后选择"服务器管理器"选项。

2）在打开窗口中选择"仪表板"选项，然后单击"添加角色和功能"链接，如图 8.1
所示。

图 8.1

3）打开"添加角色和功能向导"对话框，在"开始之前"界面单击"下一步"按钮，
如图 8.2 所示。

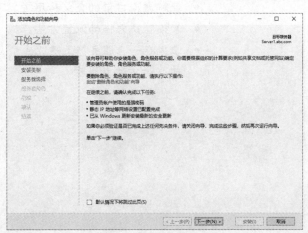

图 8.2

4）在"选择安装类型"界面单击"下一步"按钮，如图 8.3 所示。

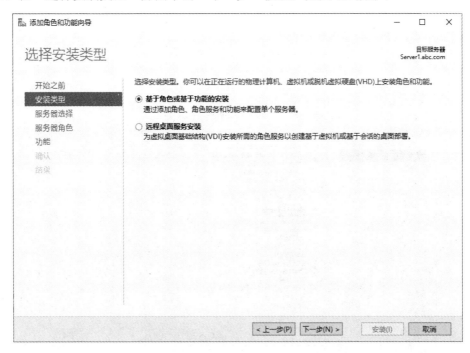

图 8.3

5）在"选择目标服务器"界面选中"Server1.abc.com"，然后单击"下一步"按钮，如图 8.4 所示。

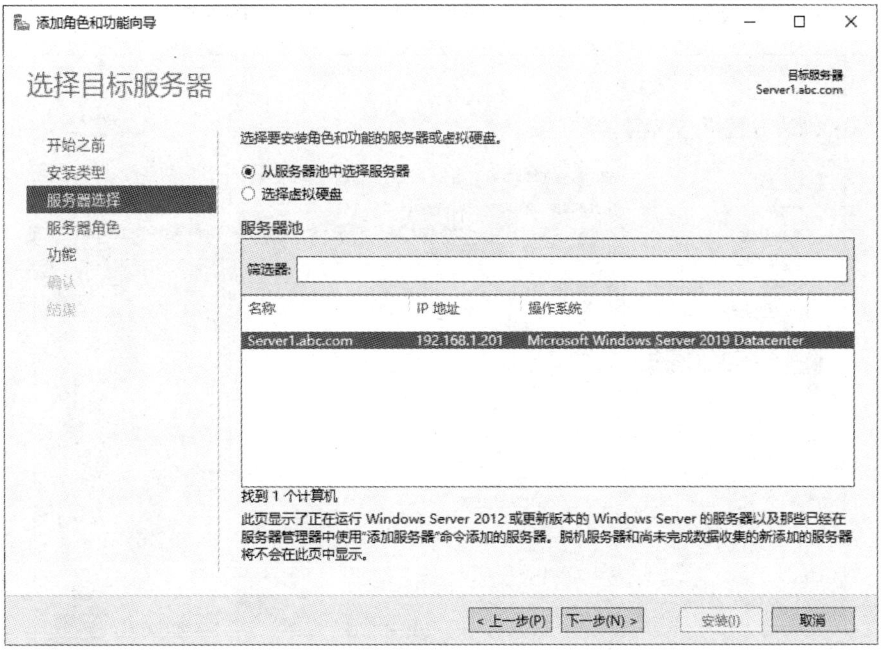

图 8.4

6）在"选择服务器角色"界面选中"Web 服务器（IIS）"复选框，在弹出的"添加
Web 服务器（IIS）所需的功能？"对话框中单击"添加功能"按钮，返回"选择服务器角
色"界面后单击"下一步"按钮，如图 8.5 所示。

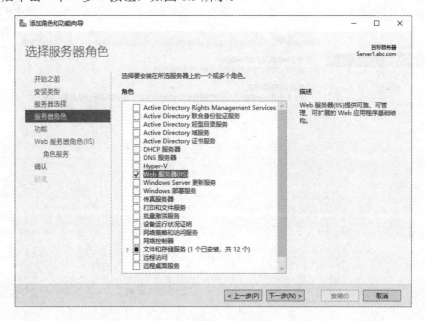

图 8.5

7）分别在"选择功能""Web 服务器角色（IIS）""选择角色服务"界面单击"下一步"
按钮。

8）在"确认安装所选内容"界面单击"安装"按钮，如图 8.6 所示。

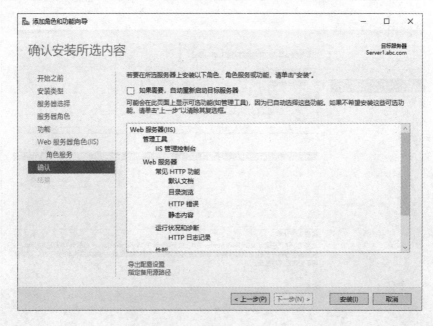

图 8.6

9）安装完毕后显示如图 8.7 所示信息，确认安装成功后单击"关闭"按钮。

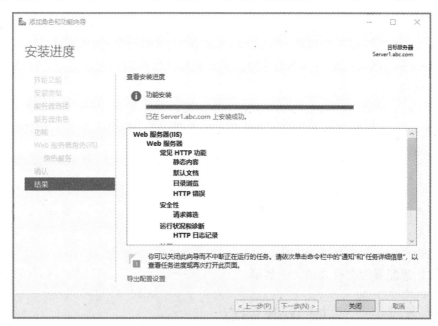

图 8.7

2. 测试 IIS 是否安装成功

启动 Internet Explorer 浏览器，在地址栏中输入 http://localhost 后按 Enter 键，如果打开如图 8.8 所示的页面即表示 IIS 安装成功并启用了默认站点。

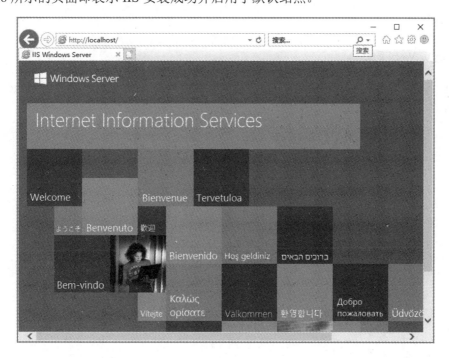

图 8.8

【相关知识】

IIS（Internet information services，Internet 信息服务），它是微软公司推出的用于实现 Web、FTP、SMTP 等服务的组件，Windows Server 2019 中包含的 IIS 版本为 10.0，用户能够结合 Windows Server 2019 和 NTFS 内置的安全特性，建立强大、灵活、安全的 Internet 和 Intranet 站点。

HTTP（hypertext transfer protocol，超文本传输协议）是 Internet 中应用最为广泛的网络协议之一，使用 TCP 方式来传输超文本信息，主要用于 WWW。多数 HTTP 服务器使用 80 端口作为默认通信端口。

【拓展提高】

1）查看服务器对 80 端口的监听状态。
2）添加重定向规则。
3）编辑自定义 HTTP 错误响应。
4）将信息配置为在目录列表中显示。

任务 8.2 | 添加 Web 站点

【任务目标】

使用 IIS 创建 Web 站点，并通过 Internet Explorer 浏览器测试站点是否发布成功。

添加 Web 站点

【任务实现】

1. 建立 Web 页面

本任务在 "D:\abc 内部站点" 目录下建立基本的 Web 站点主页，文件名为 index.html，如图 8.9 所示。

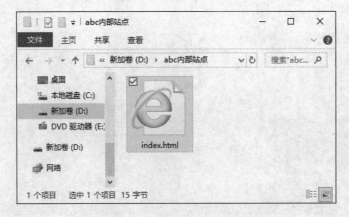

图 8.9

2. 停止默认 Web 站点

具体步骤如下：

1）选择"开始"→"管理工具"→"Internet Information Services（IIS）管理器"选项。

2）打开"Internet Information Services（IIS）管理器"窗口，依次展开"SERVER1"→"网站"，右击"Default Web Site"（默认 Web 站点）选项，选择"管理网站"→"停止"命令，如图 8.10 所示。

图 8.10

3. 添加 Web 站点

具体步骤如下：

1）在"Internet Information Services（IIS）管理器"窗口中展开"SERVER1"→"网站"，右击"网站"选项并选择"添加网站"命令，如图 8.11 所示。

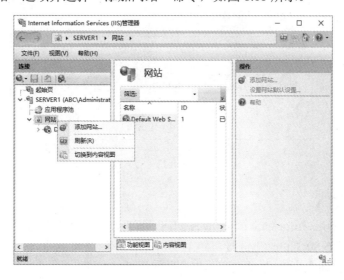

图 8.11

2）在弹出的"添加网站"对话框中输入网站名称，然后输入或单击"…"按钮选择网站的物理路径，使用默认的 80 端口，然后单击"确定"按钮，如图 8.12 所示。

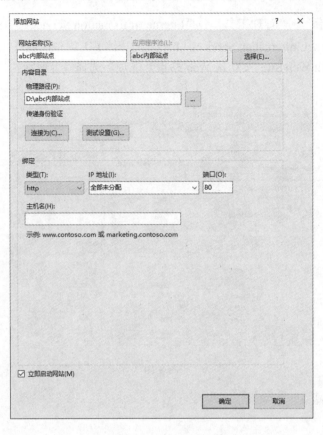

图 8.12

3）当 IIS 提示端口已经被占用时，单击"是"按钮即可，如图 8.13 所示。由于前面已将默认 Web 停用，所以此处可以使用 80 端口。

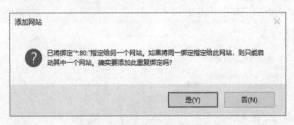

图 8.13

4. 测试 Web 站点

1）打开"Internet Information Services（IIS）管理器"对话框后选择"abc 内部站点"，单击右侧的"浏览*:80（http）"链接，如图 8.14 所示，如果弹出的浏览器窗口能够正确显示站点的默认文档即表示 Web 站点添加完成，如图 8.15 所示。

2）使用 IP 地址访问新添加的 Web 站点，本例在浏览器地址栏中输入 http://192.

168.1.201 即可显示页面内容，如图 8.16 所示。

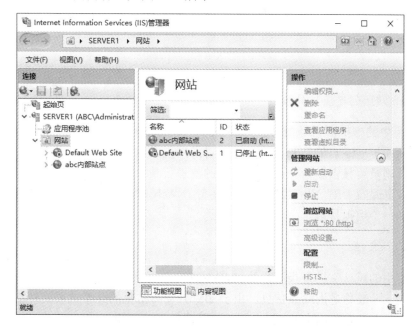

图 8.14

图 8.15

图 8.16

【相关知识】

IIS 支持 HTTP、FTP 以及 SMTP 协议，通过使用 CGI 和 ISAPI，IIS 可以得到高度的扩展。IIS 的一个重要特性是支持 ASP，ASP 可以很容易开发基于 Web 的应用程序和动态网站。IIS 也支持如 VBScript、JScript 开发出的 Web 程序，支持由 Visual Basic、Java、Visual C++开发的系统，支持现有的 CGI 和 WinCGI 脚本开发的应用程序。

URL（uniform resource locator，统一资源定位符）是 WWW 服务程序上用于指定资源位置的表示方法，一般格式为：协议类型://服务器地址[:端口号]/路径/文件。

【拓展提高】

1）利用网页开发工具制作 Web 站点。

2）设置 Web 重定向。

3）修改 Web 站点端口。

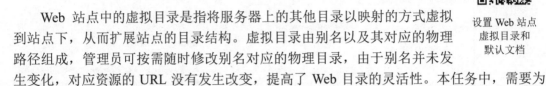

任务 8.3　　设置 Web 站点虚拟目录和默认文档

【任务目标】

1. 为 Web 站点创建虚拟目录

Web 站点中的虚拟目录是指将服务器上的其他目录以映射的方式虚拟到站点下，从而扩展站点的目录结构。虚拟目录由别名以及其对应的物理路径组成，管理员可按需随时修改别名对应的物理目录，由于别名并未发生变化，对应资源的 URL 没有发生改变，提高了 Web 目录的灵活性。本任务中，需要为 Web 站点添加一个虚拟目录。

设置 Web 站点
虚拟目录和
默认文档

2. 添加默认文档

Web 站点中的默认文档是指用户访问 Web 站点主目录（物理路径）或虚拟目录后，默认显示的文档，一般称之为站点首页。由于 IIS 只支持常见的几个首页文件格式，若首页文件的名称不是 IIS 支持的默认文档，则需要管理员手动添加。

【任务实现】

1. 为 Web 站点添加虚拟目录

具体步骤如下：

1）在"Internet Information Services（IIS）管理器"对话框中右击"abc 内部站点"，在弹出的快捷菜单中选择"添加虚拟目录"命令，如图 8.17 所示。

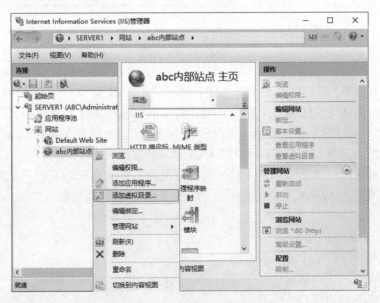

图 8.17

2）在"添加虚拟目录"对话框中输入虚拟目录的别名、物理路径，本例中使用"security"作为别名，对应的物理路径为"F:\安保部门"（物理路径可以直接输入或单击"…"按钮进行选择），然后单击"确定"按钮，如图 8.18 所示。

2. 设置默认文档

IIS 10.0 为了 Web 服务器的安全，默认禁用了目录浏览功能，如果直接使用浏览器访问虚拟目录，且虚拟目录中并未包含 IIS 10.0 支持的默认文档，则会出现如图 8.19 所示的提示。若要浏览虚拟目录中的内容，可以启用目录浏览（安全性较低），或使用 IIS 为虚拟目录添加默认文档支持，本例使用后者。

图 8.18

图 8.19

具体步骤如下：

1）在"Internet Information Services（IIS）管理器"对话框中双击虚拟目录 security，在右侧的设置项中双击"默认文档"，如图 8.20 所示。

图 8.20

2）若虚拟目录的默认文档并未含有要支持的首页文件，则要单击右侧的"添加"链接，如图 8.21 所示。

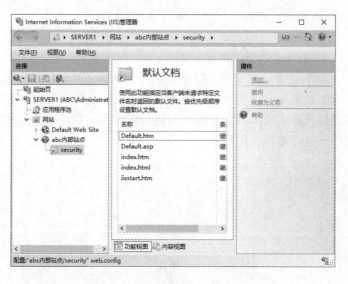

图 8.21

3）在"添加默认文档"对话框中输入需要支持的文档名称，本例中输入"安保部门.txt"，然后单击"确定"按钮，如图 8.22 所示。添加结果如图 8.23 所示。

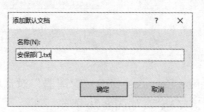

图 8.22

图 8.23

3. 访问虚拟目录

在浏览器地址栏中输入虚拟目录的完整 URL，本例中输入"http://192.168.1.201/security"，即可看到为虚拟目录添加的首页文件，如图 8.24 所示。

图 8.24

【相关知识】

每个 Web 站点除主目录外，也可通过虚拟目录的方式发布多个目录中的内容，通过 URL 可以使用不同的用户名/密码访问有权限限制的目录。虚拟目录可以将每个目录定位在本地驱动器或网络上，甚至其他 Web 主机上。Web 服务器可拥有一个主目录和任意数量的虚拟目录。

虚拟目录不出现在目录列表中。要访问虚拟目录，用户必须知道虚拟目录的别名，并在浏览器中直接输入访问或者通过其他 HTML 页面中的超链接访问。

【拓展提高】

1）开启虚拟目录的目录浏览。
2）设置虚拟目录的身份验证。
3）配置虚拟目录在网络其他主机上。

任务 8.4 | 建立端口不同、主机名不同的 Web 站点

【任务目标】

建立端口不同、主机名不同的 Web 站点

1. 在一台服务器上建立端口不同的多个 Web 站点

在学校的 Web 服务器 Server1 上添加端口不同的 2 个 Web 站点，如表 8.1 所示。

表 8.1　新增 Web 站点的名称、主目录、端口

站点名称	站点主目录（物理路径）	Web 站点端口
测试站点 1	D:\website1	8080
测试站点 2	D:\website2	8090

2. 在一台服务器上建立主机名不同的多个 Web 站点

在学校的 Web 服务器 Server1 上添加主机名不同的 3 个 Web 站点，如表 8.2 所示。

表 8.2　新增 Web 站点的名称、主目录、主机名

站点名称	站点主目录（物理路径）	Web 站点主机名
abc 内部站点	D:\abc 内部站点	www.abc.com
招生就业处站点	D:\zhaosheng	zhaosheng.abc.com
后勤服务处站点	D:\houqin	houqin.abc.com

【任务实现】

1. 在一台服务器上建立端口不同的多个 Web 站点

具体步骤如下：

1）使用 IIS 添加 Web 站点"测试站点 1"，物理路径为 D:\website1，IP 地址为 192.168.1.201，端口为 8080，如图 8.25 所示。

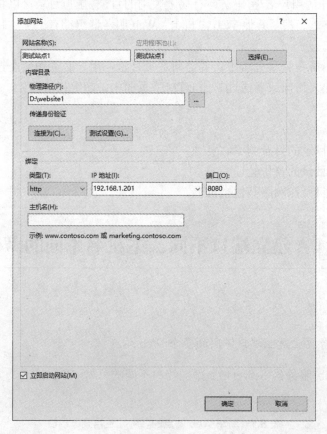

图 8.25

2）使用 IIS 添加 Web 站点"测试站点 2"，物理路径为 D:\website2，IP 地址为 192.168.1.201，端口为 8090，如图 8.26 所示。

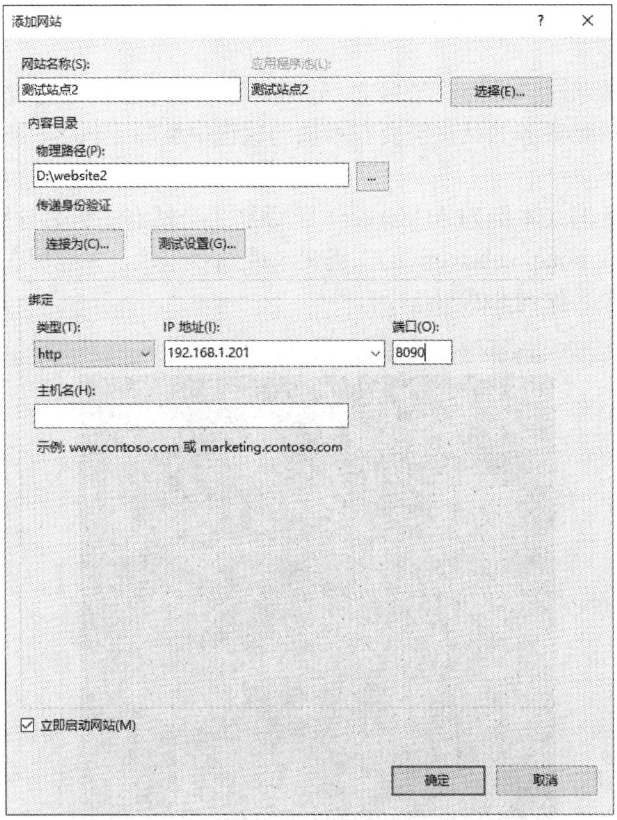

图 8.26

2. 测试端口不同的 Web 站点

使用浏览器分别在地址栏中输入 "http://192.168.1.201:8080" 和 "http://192.168.1.201:8090" 测试站点，结果如图 8.27 和图 8.28 所示。

图 8.27

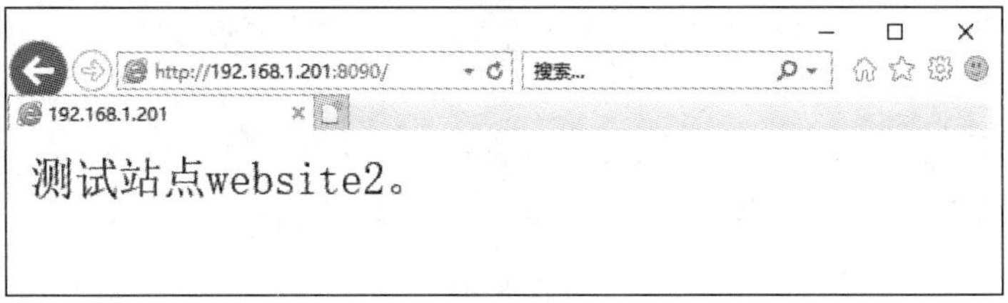

图 8.28

3. 在一台服务器上建立主机名不同的多个 Web 站点

本例中"abc 内部站点"站点已经建立，只需要修改该站点的绑定设置添加主机名即可，招生就业处站点和后勤服务处站点需要在添加的过程中填写主机名。

具体步骤如下：

1）在 DNS 服务器（本例为 ADServer）上添加 3 个站点主机名分别为 www.abc.com、zhaosheng.abc.com 和 houqin.abc.com 的主机记录或别名记录，并确保在 Web 服务器上能够获得正确的解析结果，如图 8.29 所示。

图 8.29

2）选中"abc 内部站点"，单击右侧的"绑定"链接，如图 8.30 所示。

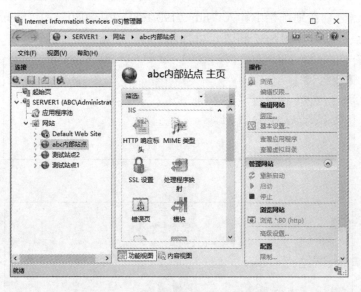

图 8.30

3）在"网站绑定"对话框中单击"编辑"按钮，如图 8.31 所示。

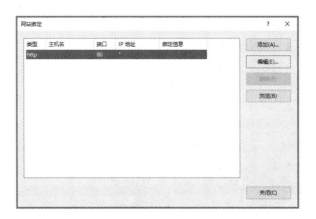

图 8.31

4）在"编辑网站绑定"对话框中输入对应的主机名 www.abc.com 和正确的站点 IP（Web 服务器只有一个 IP 地址时可不输入），然后单击"确定"按钮，如图 8.32 所示。

图 8.32

5）返回"网站绑定"对话框后单击"关闭"按钮，如图 8.33 所示。

图 8.33

6）添加"招生就业处站点"站点，分别输入对应的网站名称和物理路径，并输入主机名为 zhaosheng.abc.com 和其对应的 IP 地址，如图 8.34 所示。

7）添加"后勤服务处站点"站点，分别输入对应的网站名称和物理路径，并输入主机名为 houqin.abc.com 和其对应的 IP 地址，如图 8.35 所示。

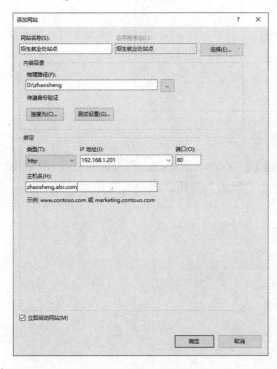
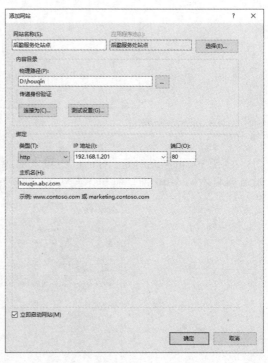

图 8.34　　　　　　　　　　　　　　图 8.35

4. 测试主机名不同的 Web 站点

使用浏览器分别在地址栏中输入 "www.abc.com""zhaosheng.abc.com""houqin.abc.com"测试站点，结果如图 8.36～图 8.38 所示。

图 8.36

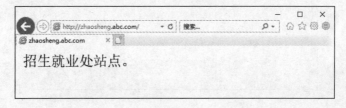

图 8.37

图 8.38

【相关知识】

一般情况下，Web 服务器一个 IP 地址的 80 端口只能对应一个网站，处理一个域名的访问请求。Web 服务器在不使用多个 IP 地址和端口的情况下，如果需要支持多个相对独立的网站，就需要一种机制来分辨同一个 IP 地址上不同网站的请求，这就出现了主机头绑定的方法。"主机头"的叫法源自 IIS 中对域名绑定的功能，简单地说，就是将不同的网站空间对应不同的域名，以连接请求中的域名字段来分发和应答正确的对应空间的文件执行结果。

Windows Server 2019 中的 IIS 服务器支持同一个 IP 地址和同一个端口，使用不同的域名创建多个 Web 网站。

【拓展提高】

1）为网站启用日志记录。
2）禁用日志记录。

项目实训

【实训说明】

公司某部门要构建一个站点，要求公司内部人员都能访问表 8.3 中的页面。

表 8.3　新建 Web 站点主目录和域名

Web 站点主目录	Web 站点域名
C:\win2019\server	www. win2019.com
C:\ win2019\page1	page1.win2019.com
C:\ win2019\ page2	page2. win2019.com
C:\ win2019\ page3	page3. win2019.com

具体操作步骤如下：

1）添加角色 IIS 并测试。
2）创建 4 个站点，分别命名为 server、page1、page2 和 page3。
3）为站点 server 指定实际目录 C:\win2019\server。

4）为站点 server 添加虚拟目录 C:\win2019\serverbackup。

5）在 DNS 服务管理器中创建相应的主机记录。

【实训要求】

1）掌握 IIS 服务管理器的安装方法。

2）掌握 IIS 测试方法。

3）掌握建立站点的操作流程。

4）掌握绑定网站的 3 种方式，即 IP 地址、端口号、主机名。

5）掌握指定实际目录的方法。

6）掌握添加虚拟目录的方法。

项目评价

1）在服务管理器中能看到角色 Web 服务器（IIS）。

2）在客户机的浏览器地址栏中输入 Web 服务器的 IP 地址或 DNS 即可访问发布的 Web 站点。

3）在 Internet 信息服务（IIS）管理器中能看到新站点，如 win2019。

4）在客户机上可通过不同 IP 地址访问不同的页面，如 192.168.1.20 访问 www.win2019.com，192.168.1.21 访问 page1.win2019.com，192.168.1.22 访问 page2. win2019. com，192.168.1.23 访问 page3.win2019.com。

5）在客户机上可以通过同一 IP 地址访问不同的页面，如 192.168.1.20 可访问 www.win2019.com、page1.win2019.com、page2.win2019.com 和 page3.win2019.com。

6）在客户机上可以通过不同主机名访问不同的页面，如 http://www.win2019.com、http://page1.win2019.com、http://page2.win2019.com、http://page3.win2019.com。

项目 9　FTP 站点架设

情景故事

　　阿斌是一所职业院校的机房管理人员，他组建了学校的校园网，开发了学校的主页。学校现有师生 10000 多名，学校希望构建一个文件系统平台，存放学校重要的文件、软件、规章制度等，满足师生的办公需求，实现办公自动化。学校现有 4 个部门：教务科、学生科、后勤部门、财务部。要求能够实现各部门下载公共文件和上传个人文件，查看重要文件后，需有日志，以便日后检查。为了便于管理，需要配置 FTP 服务器方便文件的上传和下载。

案例说明

　　本例通过在安装有 Windows Server 2019 的计算机上添加 FTP 服务，并将此计算机配置成一台 FTP 服务器来实现内部资源的上传和下载，达到信息共享的目的。

技能目标

- 熟悉 FTP 的工作原理。
- 熟悉 FTP 的应用特点。
- 掌握 FTP 服务器的安装和配置方法。
- 掌握 FTP 客户端的使用方法。

任务 9.1   安装 FTP 服务器

【任务目标】

本任务的主要目标是安装 FTP 服务器，实现上传和下载文件功能。

安装 FTP 服务器

【任务实现】

具体步骤如下：

1）安装 FTP 服务器组件。选择"开始"→"服务器管理器"→"服务器管理器"选项，如图 9.1 所示。

图 9.1

2）打开"服务器管理器"对话框，如图 9.2 所示，单击右侧窗格中的"添加角色和功能"链接。

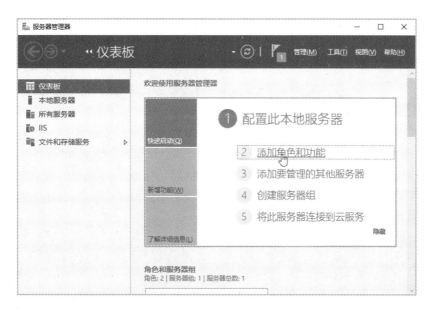

图 9.2

3）弹出如图 9.3 所示的对话框。

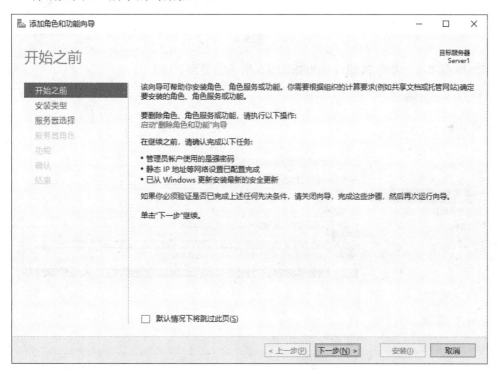

图 9.3

4）单击"下一步"按钮，弹出如图 9.4 所示的界面。

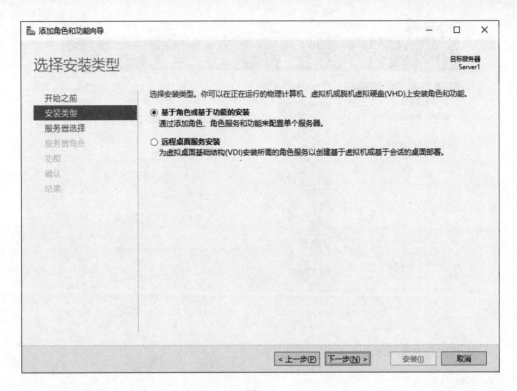

图 9.4

5）单击"下一步"按钮，弹出如图 9.5 所示的界面。

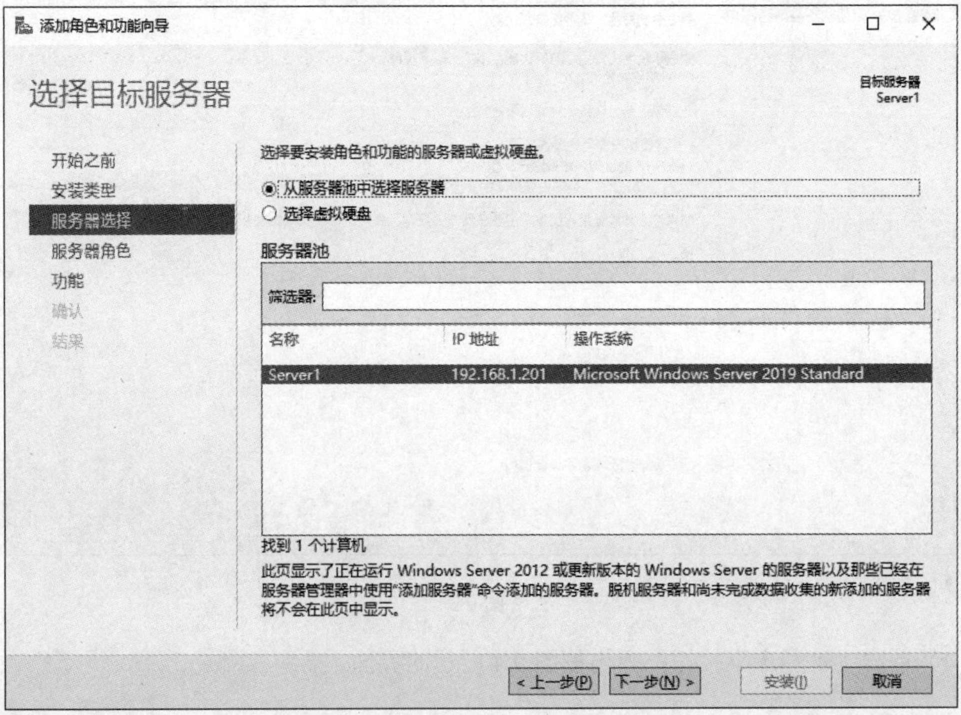

图 9.5

6）单击"下一步"按钮，弹出如图 9.6 所示的界面。

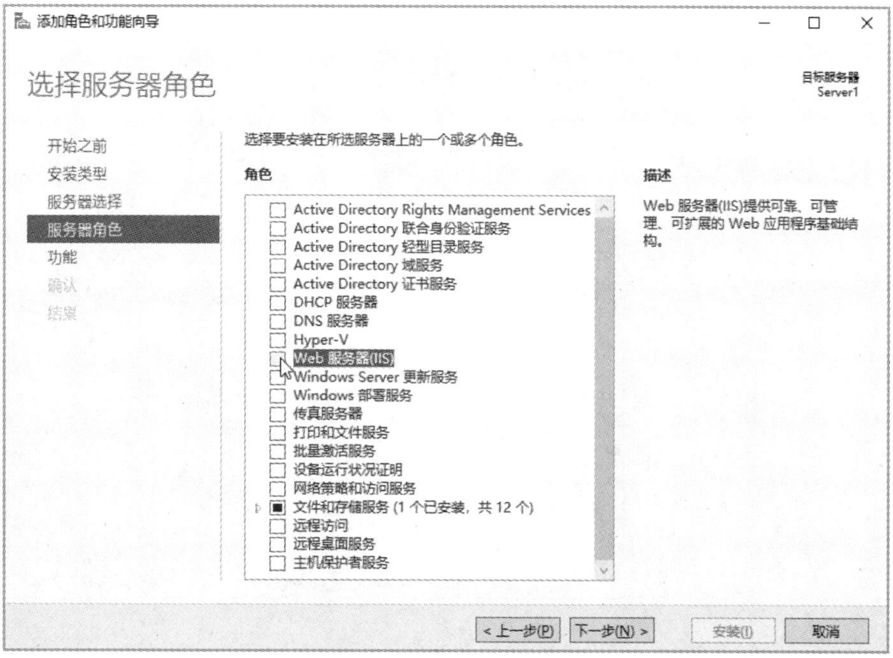

图 9.6

7）选中"Web 服务器（IIS）"复选框，弹出如图 9.7 所示的对话框。

图 9.7

8）单击"添加功能"按钮，回到如图 9.8 所示的界面，代表将要安装"Web 服务器（IIS）"。

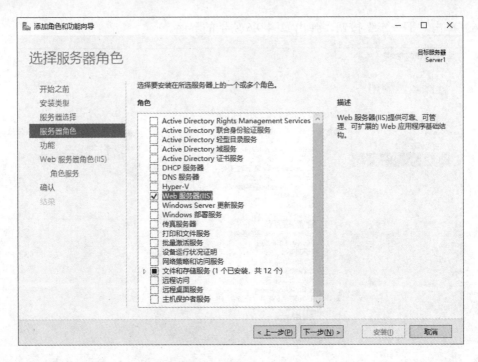

图 9.8

9）单击"下一步"按钮，弹出如图 9.9 所示的界面。

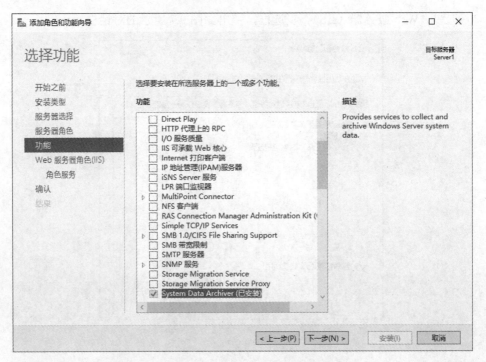

图 9.9

10）单击"下一步"按钮，弹出如图 9.10 所示的界面。

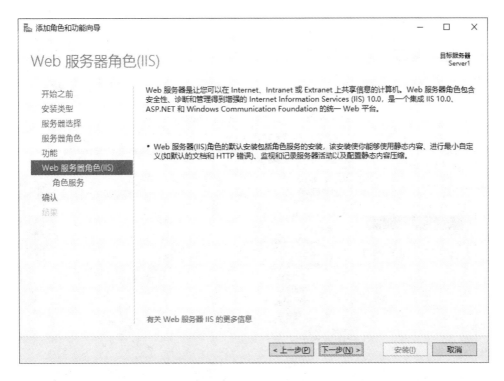

图 9.10

11）单击"下一步"按钮，弹出如图 9.11 所示的界面，选中"FTP 服务器""FTP 服务"
"FTP 扩展"复选框。

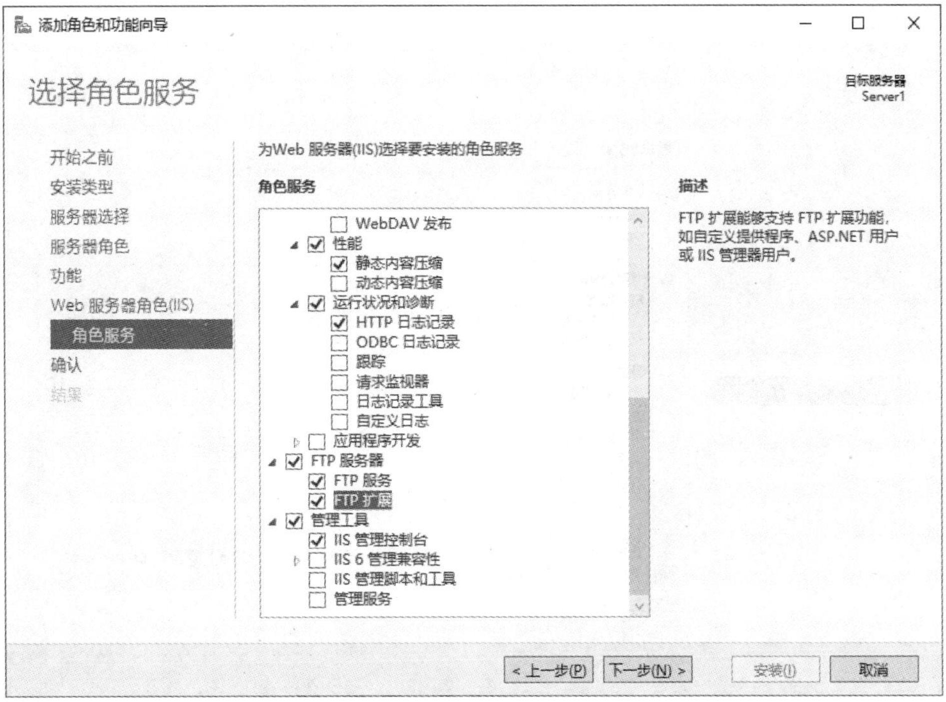

图 9.11

12）单击"下一步"按钮，弹出如图 9.12 所示的界面。

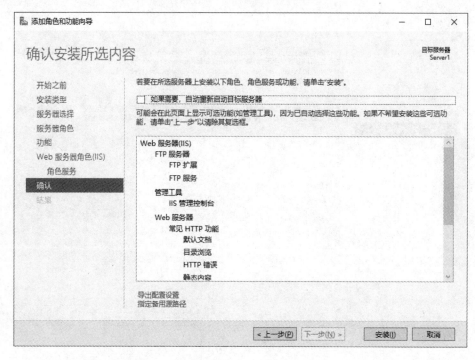

图 9.12

13）单击"安装"按钮，开始安装，如图 9.13 所示。

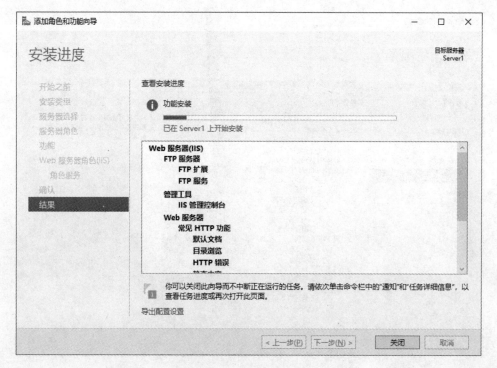

图 9.13

14）完成安装后，如图 9.14 所示，单击"关闭"按钮即可。

图 9.14

15）启用 FTP 服务器组件。选择"开始"→"Windows 管理工具"选项，如图 9.15 所示。

图 9.15

16）弹出如图 9.16 所示的界面。

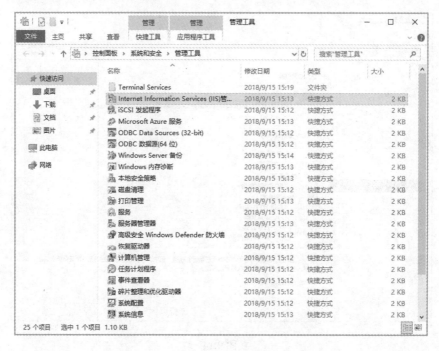

图 9.16

17）双击"Internet Information Services（IIS）管理器"选项，弹出如图 9.17 所示的界面。

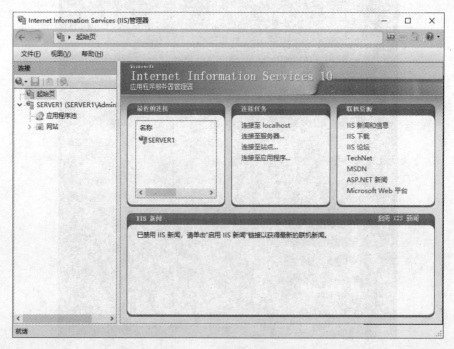

图 9.17

18）右击"SERVER1"，在弹出的快捷菜单中选择"添加 FTP 站点"命令，如图 9.18
所示。

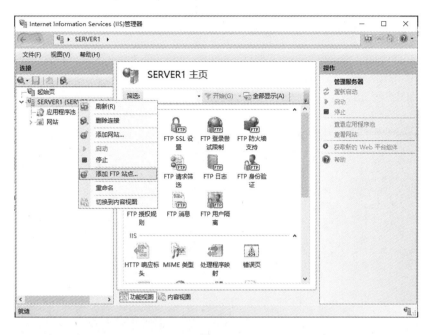

图 9.18

19）弹出如图 9.19 所示的对话框。

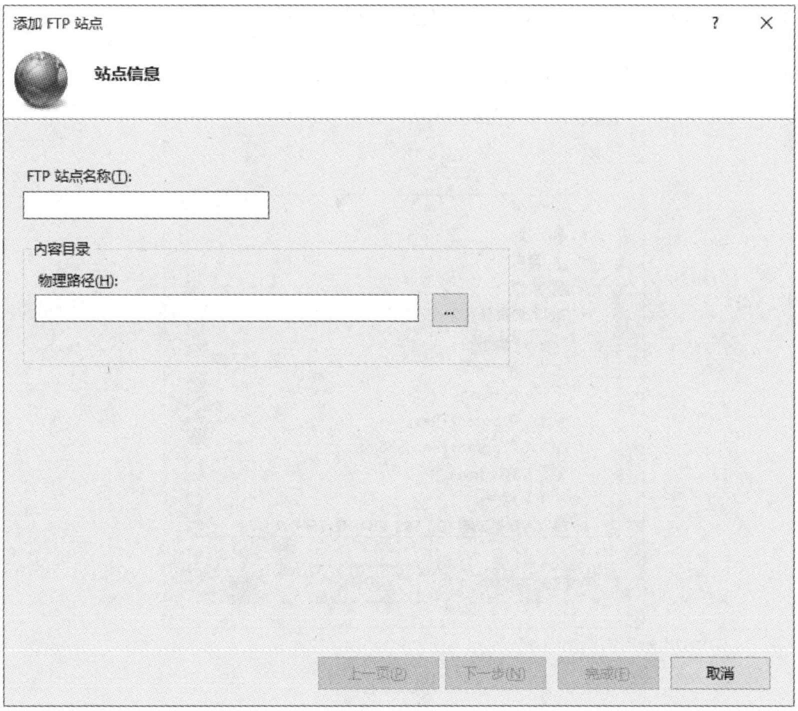

图 9.19

20）在"FTP 站点名称"下的文本框中输入"ftp 服务器"，如图 9.20 所示。

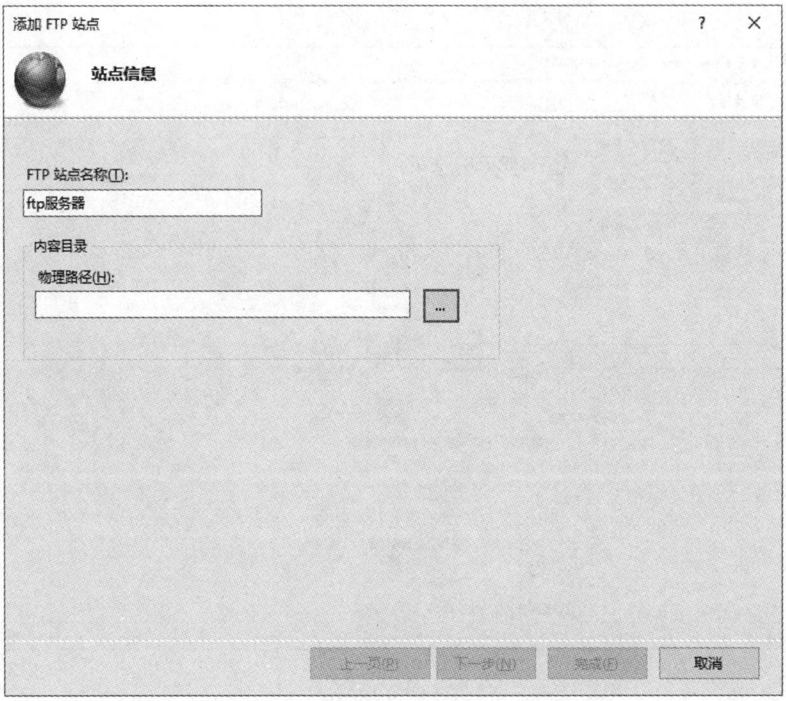

图 9.20

21）单击"…"按钮，弹出如图 9.21 所示的对话框。

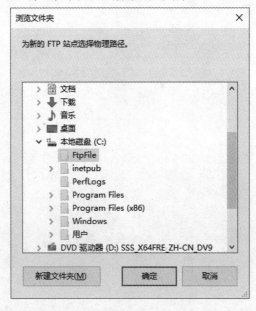

图 9.21

22）选择"FtpFile"文件夹后单击"确定"按钮，返回如图 9.22 所示的界面。

图 9.22

23）单击"下一步"按钮，弹出如图 9.23 所示的界面。

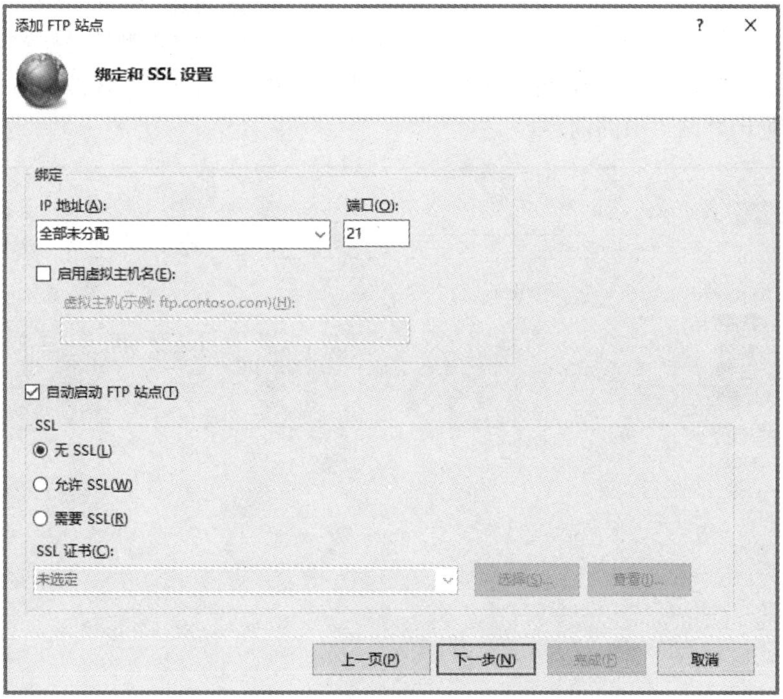

图 9.23

24）在"IP 地址"下拉列表框中选择"全部未分配"，选中"无 SSL（L）"单选按钮，单击"下一步"按钮，弹出如图 9.24 所示的界面。

图 9.24

25）选中"匿名"复选框，将"允许访问"设置为"所有用户"，"权限"设置为"读取"和"写入"。单击"完成"按钮，完成 FTP 启用。至此，FTP 服务器配置完成。

26）如图 9.25 所示，打开资源管理器，在地址栏中输入"ftp://192.168.1.201/"后按 Enter 键，可以见到 FTP 站点中的内容。

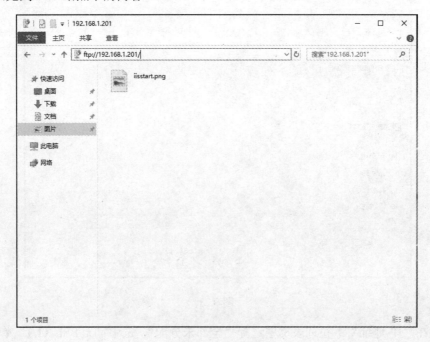

图 9.25

【相关知识】

1. FTP 简介

FTP（file transfer protocol，文件传输协议），专门用于文件传输服务。利用 FTP 可以传输文本文件和二进制文件。FTP 是 Internet 上出现最早、使用最为广泛的一种服务，是基于客户机/服务器模式的服务。通过该服务可在 FTP 服务器和 FTP 客户端之间建立连接，实现 FTP 服务器和 FTP 客户端之间的文件传输，文件传输包括从 FTP 服务器下载文件和向 FTP 服务器上传文件。

2. FTP 的工作方式

一个 FTP 站点可以是公用的，也可以是私有的，或者两者兼有之。我们可以为 FTP 账号定义权限，让它可以访问整个 FTP 服务的目录结构，或者只是特定的区域。

FTP 服务器可以设置为允许任何人连接和传输文件，这种访问方式被称为匿名访问。当我们使用匿名方式登录到 FTP 站点时，系统默认使用 anonymous 作为用户名，使用 guest 或某个 E-mail 地址作为密码。

3. FTP 服务数据连接的主动模式和被动模式

FTP 的数据连接有两种模式：主动（PORT）模式和被动（PASV）模式。主动模式是从服务器端向客户端发起连接；被动模式是客户端向服务器端发起连接。

【拓展提高】

1）目前 FTP 服务器端的软件种类繁多，且各有优势，最常用的 FTP 服务器软件是 Serv-U，读者可以自行了解。

2）安装 FTP 服务器之后，在 IE 或资源管理器窗口输入 ftp://192.168.1.201（安装 FTP 服务器的 IP 地址）访问 FTP 服务器，之后在命令提示符窗口用 ftp 192.168.1.2（安装 FTP 服务器的 IP 地址）使用行命令模式访问 FTP 服务器，然后使用 bye 命令退出 FTP 服务器。

任务 9.2 | FTP 的基本设置

【任务目标】

在任务 9.1 中，创建了一个 FTP 服务器站点。本任务直接利用这个站点来说明 FTP 站点的站点标识、主目录、目录安全性等基本属性的设置。

FTP 的基本设置

【任务实现】

1. 更改网站主目录，设置访问权限

1）在本地磁盘 C 下新建名为 Download 的文件夹，作为 FTP 主目录，为方便练习，复制一些文件到主目录内，如图 9.26 所示。

图 9.26

2）选择"开始"→"Windows 管理工具"→"Internet Information Services（IIS）管理器"选项，打开如图 9.27 所示的对话框。

图 9.27

3）单击右边的"基本设置"链接，弹出如图 9.28 所示的对话框。

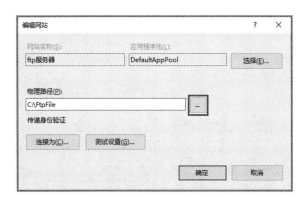

图 9.28

4）单击"…"按钮，弹出如图 9.29 所示的对话框。

5）选择步骤 1）中创建好的 Download 文件夹，单击"确定"按钮，返回如图 9.30 所示的对话框。

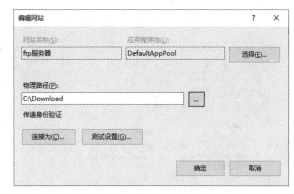

图 9.29   图 9.30

6）单击"确定"按钮，完成 FTP 站点主目录的更改。此时利用浏览器连接到 FTP 站点即可下载主目录内的文件。

2. 设置消息

FTP 站点可以设置与用户通信的消息，该消息可以是用户登录到 FTP 站点的欢迎消息、用户注销时的退出消息、通知用户已达到最大连接数的消息或标题消息。

设置 FTP 站点的消息标题为"Windows 2019 FTP 站点"，欢迎词为"欢迎使用本站资源"，退出为"再见"，最大连接数为"已经达到本站连接最大数量限制，请稍后再试。"。

1）选择"开始"→"Windows 管理工具"→"Internet Information Services（IIS）管理器"选项，打开如图 9.31 所示的对话框。

图 9.31

2）双击中间的"FTP 消息"选项，弹出如图 9.32 所示的界面。在"横幅""欢迎使用""退出""最大连接数"文本框中输入任务所要求的内容。

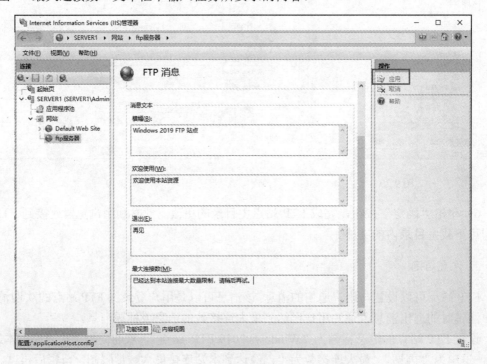

图 9.32

3）单击右侧窗格中的"应用"链接，完成 FTP 站点消息设置。

【相关知识】

1. 横幅

输入横幅消息。在客户端连接到 FTP 服务器之前，该服务器将显示此消息。默认情况下消息为空。

2. 欢迎使用

输入欢迎消息。在客户端连接到 FTP 服务器时，该服务器将显示此消息。默认情况下消息为空。

3. 退出

输入退出消息。在客户端注销 FTP 服务器时，该服务器将显示此消息。默认情况下消息为空。

4. 最大连接数

输入最大连接数消息。在客户端试图连接到 FTP 服务器，但由于 FTP 服务已达到允许的最大客户端连接数而失败时，该服务器显示此消息。默认情况下消息为空。

【拓展提高】

1）修改 FTP 原目录，改为其他目录，看结果如何。
2）设置 FTP 消息，输入连接欢迎词和退出消息。

任务 9.3 | 实际目标与虚拟目录

【任务目标】

创建 FTP 服务器的虚拟目录。

【任务实现】

实际目标
与虚拟目录

具体步骤如下：

1）在 "Internet Information Services （IIS）管理器" 对话框中，右击 "ftp 服务器"，在弹出的快捷菜单中选择 "添加虚拟目录" 命令，如图 9.33 所示。

2）弹出如图 9.34 所示的对话框。

3）在 "别名" 文本框中输入 "fhx"，如图 9.35 所示。

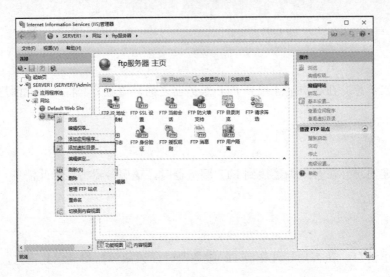

图 9.33

图 9.34

图 9.35

4）单击"…"按钮，在弹出的对话框中选择虚拟目录的物理路径，如图 9.36 所示。

5）单击"确定"按钮，返回如图 9.37 所示的对话框。

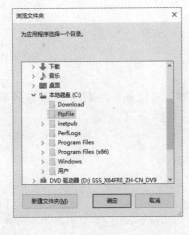

图 9.36

图 9.37

6）单击"确定"按钮，返回如图 9.38 所示的窗口，完成虚拟目录的设置。

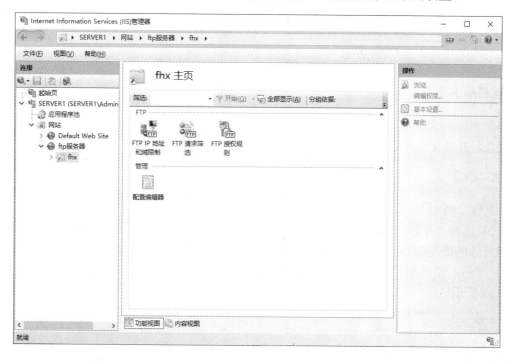

图 9.38

【相关知识】

1. FTP 身份验证

双击图 9.33 中的"FTP 身份验证"选项，可以设置如何验证用户身份。

2. FTP 授权规则

双击图 9.33 中的"FTP 授权规则"选项，在弹出的界面中单击右边的"编辑"链接，可改变 FTP 授权规则。

3. 查看当前连接用户

双击图 9.33 所示窗口中的"FTP 当前会话"选项，可以查看当前连接到 FTP 站点的用户。若要将某个连接强制中断，只要选择该连接后再单击左侧的"断开会话"链接即可。

【拓展提高】

1）创建 FTP 服务器，并在该目录下创建虚拟目录，该虚拟目录在访问时不可见，但直接输入虚拟目录时，可以进入。

2）若要让虚拟目录在主目录下可见，可在主目录下建一个与虚拟目录同名的实际目录。

任务 9.4 │ 隔离用户的 FTP 站点

【任务目标】

创建隔离用户的 FTP。创建 FTP 隔离用户，可以有效保护共享资源的安全性，并防止被共享的安全隐私资料泄密，是刻不容缓的事情。

隔离用户的
FTP 站点

【任务实现】

具体步骤如下：

1）选择"开始"→"Windows 管理工具"选项，然后双击"计算机管理"选项，在弹出对话框的左侧展开"计算机管理（本地）"→"系统工具"→"本地用户和组"→"用户"，然后右击"用户"并选择"新用户"命令，添加用户，添加 fhx041 和 fhx042，如图 9.39 所示。

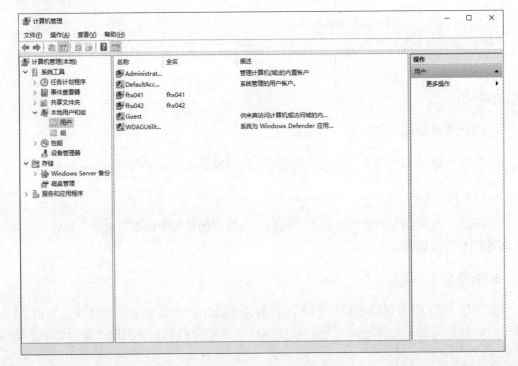

图 9.39

2）在 C 盘新建一个文件夹 ftproot2，作为站点的主目录。在主目录中新建文件夹 localuser，在 localuser 中新建用户名文件夹，并分别复制一些文件。其中，public 文件夹用于匿名访问；fhx041 和 fhx042 文件夹与上面新建的用户名一致，需要通过用户名和密码访问，即隔离用户，如图 9.40 所示。

3）在文件夹 fhx041、fhx042 和 public 中分别放入文件 041.txt、042.txt 和 public.txt，

以示区别，如图 9.41 所示。

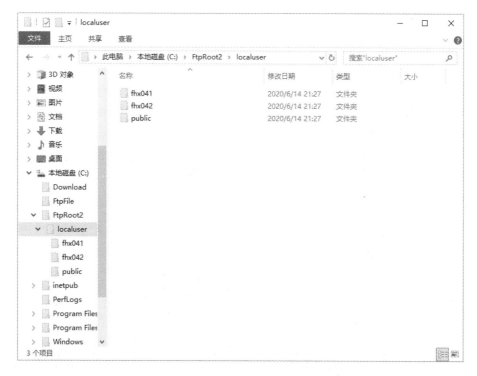

图 9.40

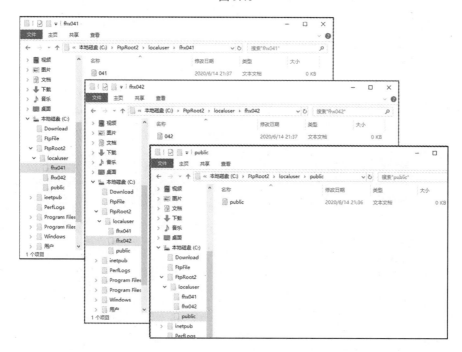

图 9.41

4）新建一个站点，FTP 站点名称和物理路径设置如图 9.42 所示。

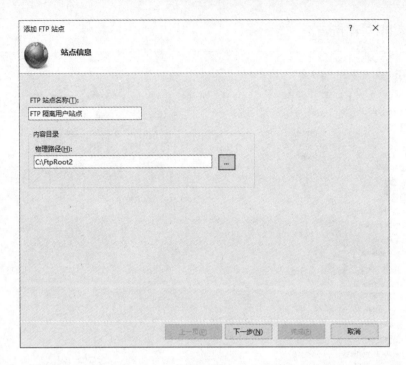

图 9.42

5）将"身份验证"设置为"匿名""基本"，"允许访问"设置为"所有用户"，"权限"
设置为"读取""写入"，如图 9.43 所示。

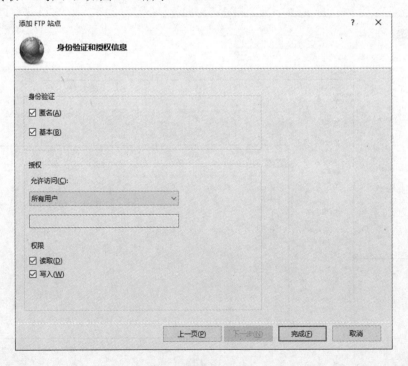

图 9.43

6）单击"完成"按钮，返回如图 9.44 所示的窗口。

图 9.44

7）双击"FTP 用户隔离"选项，弹出如图 9.45 所示的界面。

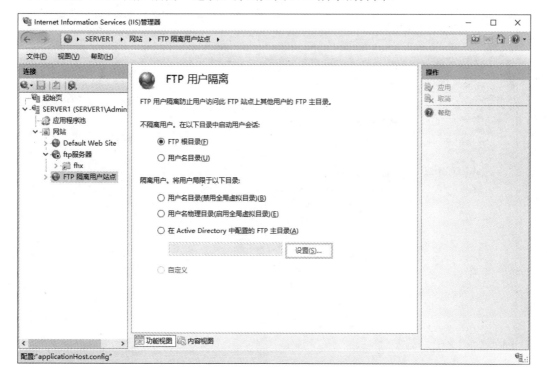

图 9.45

8）选中"用户名目录（禁用全局虚拟目录）"单选按钮，然后单击"应用"链接，完成隔离用户 FTP 的设置，如图 9.46 所示。保存更改后的界面如图 9.47 所示。

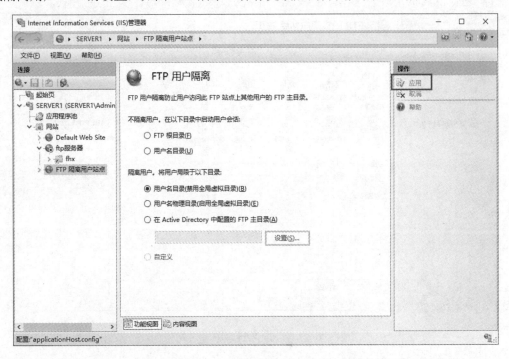

图 9.46

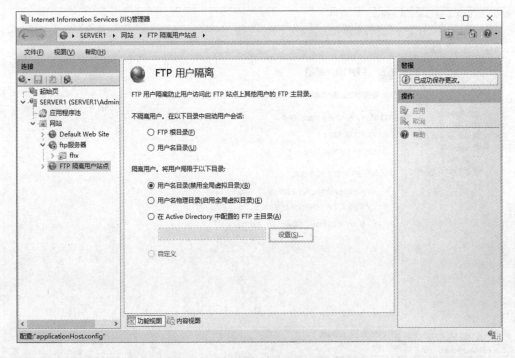

图 9.47

9）测试。打开资源管理器，在地址栏中输入"ftp://192.168.1.201"后按 Enter 键，出现如图 9.48 所示的界面。

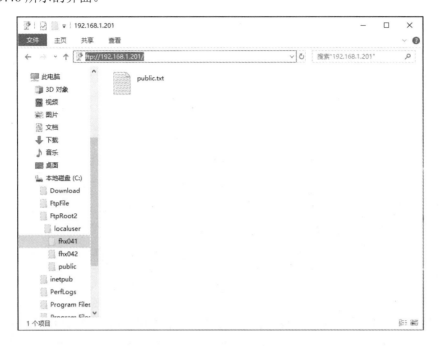

图 9.48

10）打开资源管理器，在地址栏中输入"ftp://fxh041@192.168.1.201"如图 9.49 所示。

图 9.49

11）按 Enter 键后，出现如图 9.50 所示的界面。

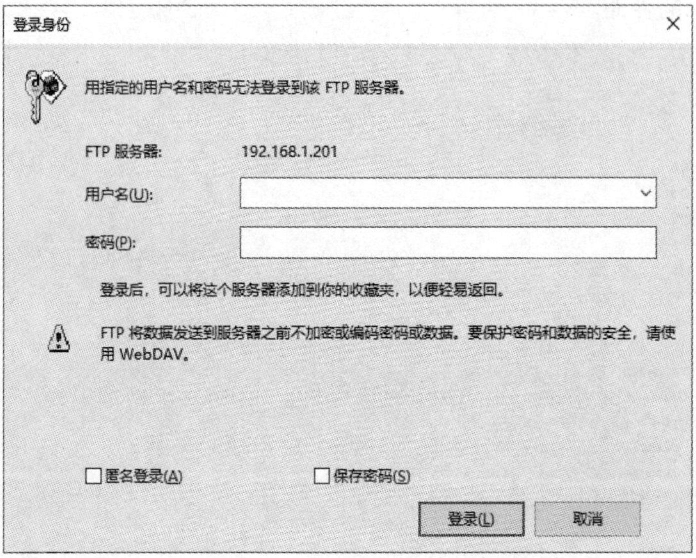

图 9.50

12）输入用户名"fxh041"及密码，单击"登录"按钮，出现如图 9.51 所示的界面。

图 9.51

13）从上可见，不同用户登录使用的目录不一样，还可以在地址栏中输入"ftp://fxh042@192.168.1.201"，然后输入用户名"fxh042"及密码来测试隔离用户 fxh042。

【相关知识】

1. FTP 文件传输方式

FTP 可用多种格式传输文件，通常由系统决定，但大多数系统（包括 UNIX 系统）只有两种模式，即文本模式和二进制模式。

文本模式使用 ASCII 字符，并由 Enter 键和换行符分开，而二进制模式不用转换或格式化就可以传输字符，二进制模式比文本模式更快，并且可以传输所有 ASCII 值，所以系统管理员一般将 FTP 设置成二进制模式。应注意在用 FIP 传输文件前，必须确保使用正确的传输模式，按文本模式传二进制文件必将导致错误。

2. 不隔离用户

当用户连接到该模式的 FTP 站点时，将全部直接访问该 FTP 站点的主目录。

3. 隔离用户

在隔离用户方式下，网络管理员必须在 FTP 站点的主目录下为每一个用户分别创建一个专用的子文件夹（该子文件夹就是该用户的主目录），而且该子文件夹的名称必须与用户的登录账户名称相同。当用户登录该 FTP 站点时，将直接访问该用户的主目录。

4. 用 Active Directory 隔离用户

在用 Active Directory（活动目录）隔离用户方式下，用户必须使用域用户账户来连接指定的 FTP 站点，同时必须在 Active Directory 的用户账户内指定其专用的主目录。与"隔离用户"方式不同，用 Active Directory 隔离用户的用户主目录不需要一定创建在 FTP 站点的主目录下，而可以创建在本地的其他分区或文件夹下，也可以创建在网络中的其他计算机上。当用户登录该 FTP 站点时，将根据登录的用户账户直接访问用户的主目录，而且无法进入其他用户的主目录。

【拓展提高】

1）使用 FTP 用户隔离。
2）创建不同的用户账号。
3）规划文件夹结构，创建各用户对应的子文件夹。
4）安装 IIS，并设定 FTP 服务，选择"隔离用户"。

任务 9.5　FTP 站点安全管理

【任务目标】

默认情况下，FTP 站点允许所有计算机访问，可以基于 IP 地址来控制对 FTP 站点的访问权限，如允许或拒绝特定的一台或一组计算机访问站

FTP 站点安全管理

点内的文件。本任务即设置"ftp 服务器"站点拒绝 IP 地址为 192.168.1.150 的客户端访问。

【任务实现】

　　具体步骤如下：

1）在如图 9.52 所示的界面选择"ftp 服务器"。

图 9.52

2）双击"FTP IP 地址和域限制"选项，显示如图 9.53 所示的界面。

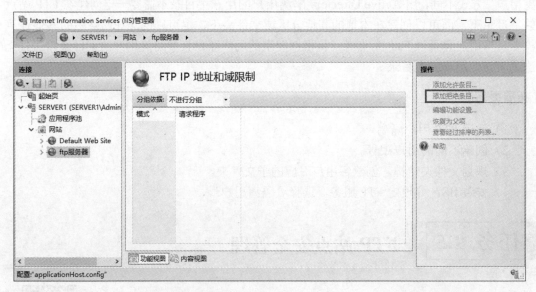

图 9.53

3）单击右侧的"添加拒绝条目"链接，弹出如图 9.54 所示的对话框。

图 9.54

4）选中"特定 IP 地址"单选按钮，输入 IP 地址"192.168.1.150"，单击"确定"按钮，返回如图 9.55 所示的界面，完成任务。

图 9.55

【相关知识】

1. 基本 FTP 验证方式

基本 FTP 验证要求客户端必须利用已设置的用户账户和密码来登录 FTP 站点。但需要说明的是，该用户账户和密码在网络中是通过明文来传输的，并不会被加密。

2. 匿名 FTP 验证方式

当选择"允许匿名连接"选项后，表示用户可以利用匿名 FTP 验证方式来访问 FTP 站点。

【拓展提高】

1）在 FTP IP 地址和域限制中添加拒绝 IP 为 192.168.1.23 的访问。
2）在 FTP IP 地址和域限制中添加允许 IP 为 192.168.1.100 到 192.168.1.120 的访问。

项目实训

【实训说明】

某公司要构建两个 FTP 站点，要求公司内部人员能以下面的用户名和密码访问这两个 FTP 站点，FTP 站点设置如表 9.1 所示。

1）ftp.abc.com 的主目录是某主机 SERVER1 上的 d:\ftp\，创建该 FTP 网站，依照表 9.1 创建 FTP 用户并设置权限，该站点端口号为 21。

表 9.1　FTP 用户创建和权限设置

用户名	密码	其他说明
ftp01	Admin123	完全控制
ftp02	Admin456	只读
ftp03	Admin321	完全控制
匿名用户		完全控制

2）ftp.aaa.com 的主目录是另一台主机 SERVER2 上的 d:\ftp，按照创建隔离用户的原则依照表 9.2 创建 FTP 用户并设置目录，该站点端口号为 21。

表 9.2　FTP 用户创建和目录设置

用户名	密码	其他说明
glftp01	Admin123	完全控制
glftp02	Admin456	只读
glftp03	Admin321	完全控制

【实训要求】

1）安装和配置 Windows server 2019 自带的 FTP 服务。
2）客户端能上传和下载文件资料。
3）建立虚拟目录。

4）FTP 站点的授权访问。

5）隔离用户 FTP 站点的授权访问。

项目评价

1）在 IE 地址栏中输入"ftp://www.abc.com"（FTP 服务器 IP 地址），测试能否进入 FTP 服务器。

2）能够使用资源管理器上传和下载文件。

3）能够进入相关的虚拟目录，并上传和下载虚拟目录中的文件。

4）使用不同的用户名和密码登录，拥有不同的 FTP 权限。

5）FTP 服务器使用隔离用户 FTP，能够使用不同的用户名和密码登录，进入不同用户文件夹中，并上传和下载不同用户文件。

读书笔记

项目 10　DHCP 的配置与管理

情景故事

在学校工作的机房管理人员阿斌最近遇到一个令人头疼的问题。学校组建单位内部的局域网，随着学校的发展，办公室和机房不断地增加，计算机的数量也随之增加，阿斌的工作越来越繁重，要花费不少时间维护客户机的 TCP/IP，而且多是一些重复性的工作。另外，教职工在重新安装计算机操作系统后经常询问自己计算机的 IP 地址等信息，而且 IP 地址分配面临着不够用的情况。在这种情况下，阿斌决定在局域网内部安装并配置一台 DHCP 服务器，为校园内除服务器以外的所有计算机自动配置 IP 地址、子网掩码、默认网关、DNS 服务器地址等网络参数。这样既可以解决教职工计算机配置的烦恼，也可以减轻阿斌的工作量。

案例说明

本例采用模拟环境，实施的过程在虚拟机内进行，旨在让学生反复地动手安装和配置 DHCP 服务器，使学生理解 DHCP 的工作原理，掌握使用 DHCP 进行网络管理的基本方法。通过实训，理解网络服务的概念，掌握在 Windows Server 2019 操作系统中安装和配置网络服务的一般性方法。

技能目标

- 了解 TCP/IP 网络中 IP 地址的分配方式和特点。
- 理解 DHCP 的基本概念和运行原理。
- 学会 Windows Server 2019 中 DHCP 服务器的安装和配置方法。
- 学会 DHCP 作用域的配置方法。
- 学会 DHCP 客户端的设置方法。
- 学会 DHCP 客户端 IP 地址与 MAC 地址的绑定方法。

任务 10.1 ▎ 安装 DHCP 服务器

【任务目标】

安装 DHCP 服务器之前首先画好如图 10.1 所示的拓扑图,然后按照拓扑图配置。

图 10.1

【任务实现】

具体步骤如下:

1)首先为本地服务器配置对应的 IP 地址、子网掩码、网关、DNS,如图 10.1 所示。配置完 IP 地址后,选择"开始"→"服务器管理器"选项,打开"服务器管理器"对话框,如图 10.2 所示。单击"管理"菜单,选择"添加角色和功能"命令,打开"添加角色和功能向导"对话框,如图 10.3 所示。

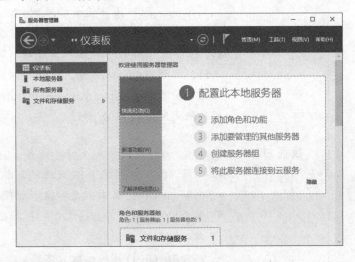

图 10.2

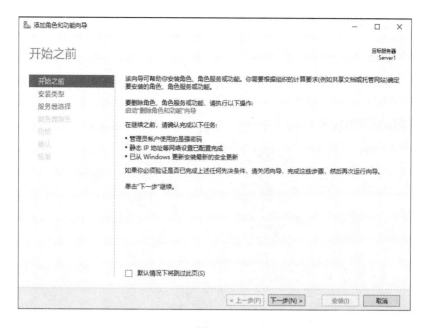

图 10.3

2）单击"下一步"按钮，进入"选择安装类型"界面，选中"基于角色或基于功能安装"单选按钮，再单击"下一步"按钮，进入"选择目标服务器"界面，选中"从服务器池中选择服务器"单选按钮，如图 10.4 所示。

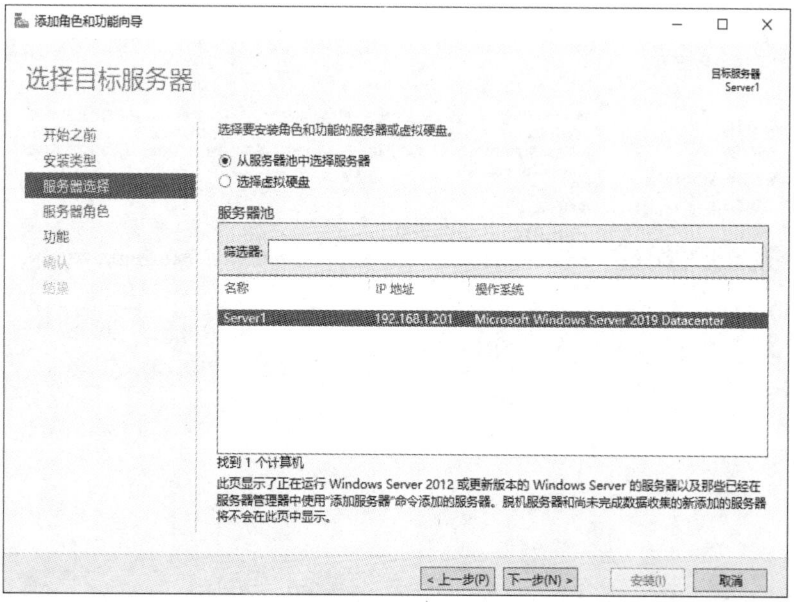

图 10.4

3）单击"下一步"按钮，进入"选择服务器角色"界面，选中"DHCP 服务器"复选框，如图 10.5 所示。

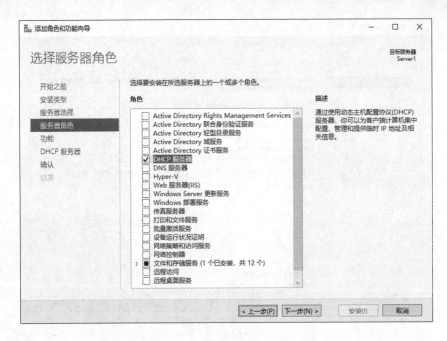

图 10.5

4）单击"下一步"按钮，进入"选择功能"界面，继续单击"下一步"按钮，进入"DHCP 服务器"界面，如图 10.6 所示。

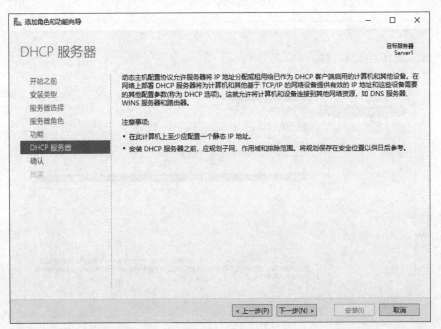

图 10.6

5）单击"下一步"按钮，进入"确认安装所选内容"界面，如图 10.7 所示。

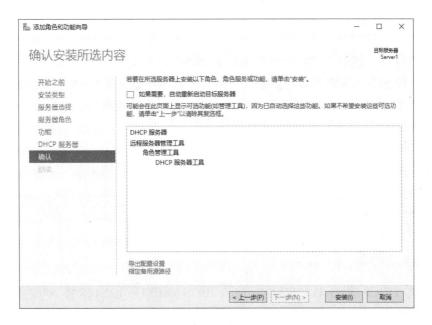

图 10.7

6）单击"安装"按钮，直到安装完成后关闭此界面即可，如图 10.8 所示。

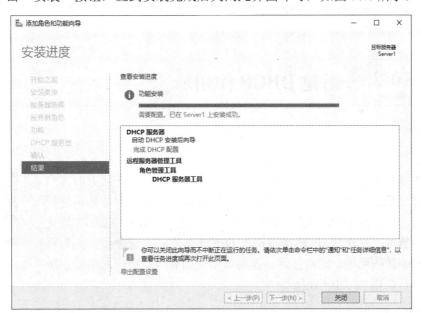

图 10.8

【相关知识】

1. DHCP 的概念

DHCP（dynamic host configuration protocol，动态主机配置协议）是一个简化主机 IP 地址分配管理的 TCP/IP 标准协议。

2. DHCP 的工作原理

DHCP 服务工作的整个过程可以分为以下步骤：

1）申请 IP 地址。客户端以广播的方式向 DHCP 服务器发送 IP 请求，以获得 IP 地址。

2）提供 IP 租用地址。DHCP 服务器接到客户机发来的请求后，会从还没有租用出去的地址范围内选择最前面的空置 IP 地址提供给客户机。

3）接受 IP 租期。如果客户端收到网络上多台 DHCP 服务器的响应，只会选择其中一个 IP 地址（通常是最先收到的），并告诉所有 DHCP 服务器它将指定接受哪一台服务器提供的 IP 地址。

4）租期确认。DHCP 服务器确认客户机已接受自己的 IP 地址后，修改自己的 DHCP 数据库，记录此 IP 地址已被分配，以确认 IP 租期正式生效。

【拓展提高】

1）安装 DHCP 服务器，IP 地址池为 192.168.10.1～192.168.10.100，默认网关为 192.168.10.254。

2）分别为 Web 服务器、FTP 服务器、DHCP 中继代理计算机保留 3 个 IP 地址。

3）设置作用域选项"003 路由器"为 192.168.10.254、"006 DNS 服务器"为 202.96.134.133、"044 WINS /NBNS 服务器"为 192.168.10.200。

4）删除 DHCP 服务。

任务 10.2 新建 DHCP 作用域

【任务目标】

DHCP 作用域是一个合法的 IP 地址范围，用于向特定子网上的客户机出租或者分配 IP 地址。作用域可用于对使用 DHCP 服务的计算机进行管理性分组。可以在 DHCP 服务器上配置一个作用域，用于确定 IP 地址池，该服务器可以将这些 IP 地址指定给 DHCP 客户机。管理员首先为每个物理子网创建作用域，然后使用该作用域定义由客户机使用的参数。接下的任务就是新建 DHCP 作用域。

新建 DHCP
作用域

【任务实现】

具体步骤如下：

1）选择"开始"→"服务器管理器"选项，在打开的窗口中选择"工具"→"DHCP"命令，如图 10.9 所示。

2）在 DHCP 管理控制台中展开本台服务器名称，可以看到 IPV4，如图 10.10 所示。

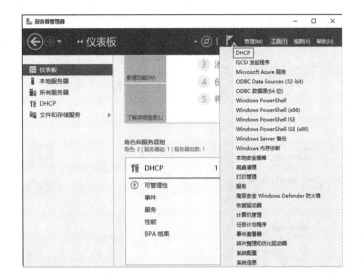

图 10.9

图 10.10

3）右击"IPv4"，选择"新建作用域"命令，如图 10.11 所示。

图 10.11

4）弹出"新建作用域向导"对话框，单击"下一步"按钮，在"名称"文本框中输入作用域的名称，如"office"，在"描述"文本框中添加辅助说明文字。单击"下一步"按钮，在出现的对话框中输入作用域的"起始 IP 地址"和"结束 IP 地址"分别为"192.168.1.100"和"192.168.1.254"，在"长度"数值框中输入"24"，设置"子网掩码"为"255.255.255.0"，如图 10.12 所示。

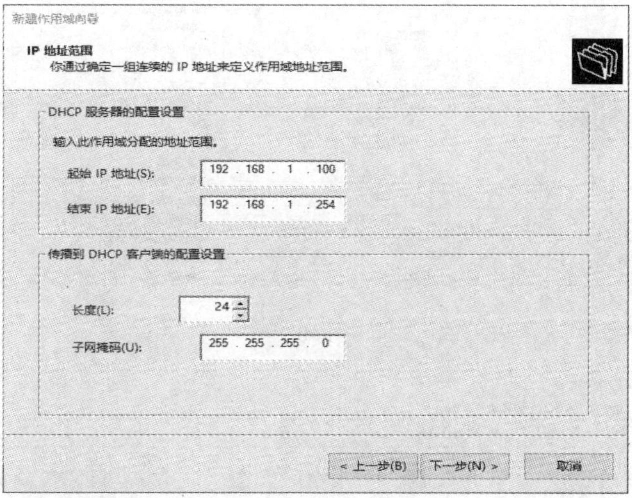

图 10.12

5）单击"下一步"按钮，进入"添加排除和延迟"界面。假如在 IP 地址作用域中的某些地址不想分配给客户端使用，则可以在"起始 IP 地址"与"结束 IP 地址"文本框中分别输入这段地址的起止范围，然后单击"添加"按钮将其添加至"排除的地址范围"列表。如图 10.13 所示，将"192.168.1.200 到 192.168.1.209"共 10 个 IP 地址排除在作用域之外。重复操作，可添加若干排除 IP 地址段。设置完成后单击"下一步"按钮。

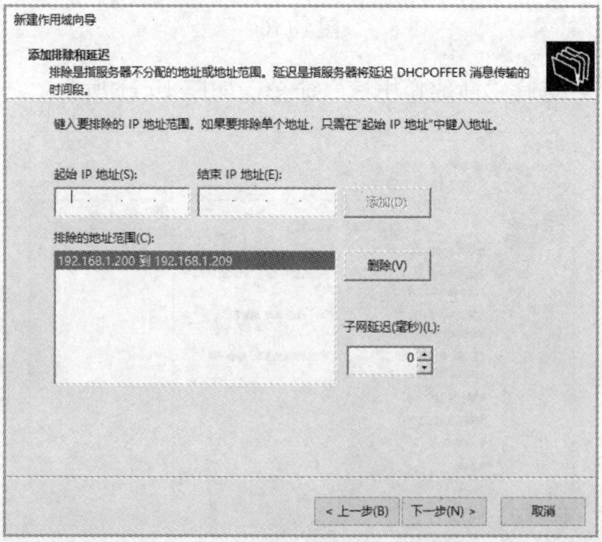

图 10.13

6）进入"租用期限"界面。租用期限默认为 8 天，如图 10.14 所示。对于台式机较多的网络而言，租约长一些较好，有利于提高网络的传输效率，而对于笔记本电脑较多的网络而言，租约相对短一些较好，有利于计算机及时获取新的 IP 地址。由于 DHCP 在分配 IP 地址时会产生大量广播数据包，而且租用太短广播会太频繁，从而降低网络的效率，所以一般会选择租期相对稍长的设置。

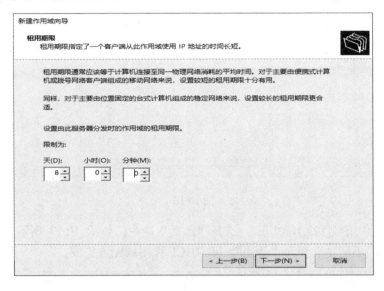

图 10.14

7）单击"下一步"按钮，进入"配置 DHCP 选项"界面。DHCP 服务器除了分配 IP 地址之外，还可以为客户端配置 DNS、WINS 服务器以及默认网关等相关参数，并可以选择现在或稍后配置这些选项。在后面的"拓展提高"部分，要求选择"是，我想现在配置这些选项"来完成 DHCP 作用域配置，但在这里我们选择"否，我想稍后配置这些选项"单选按钮，如图 10.15 所示，单击"下一步"按钮。

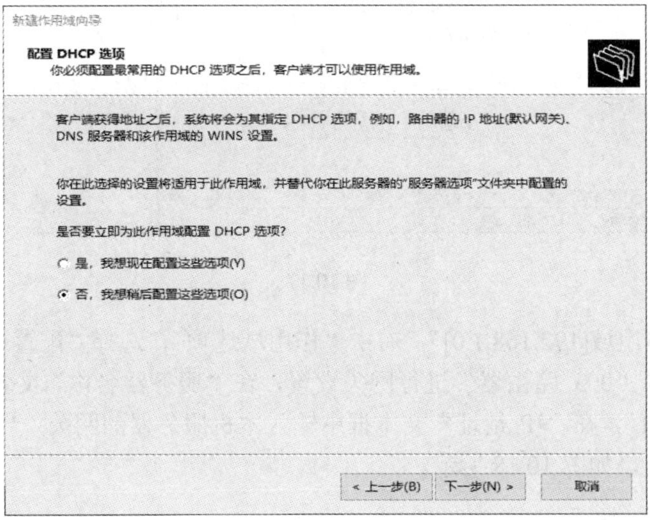

图 10.15

8）单击"完成"按钮，回到 DHCP 窗口，如图 10.16 所示。

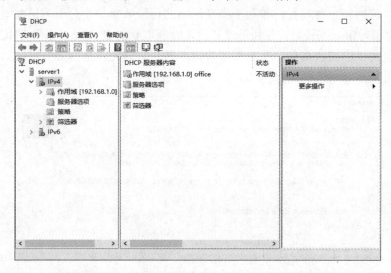

图 10.16

9）右击"作用域[192.168.1.0]"，选择"激活"命令，如图 10.17 所示。完成后，"状态"由原来的"不活动"变为"活动"，即 DHCP 作用域配置完成。

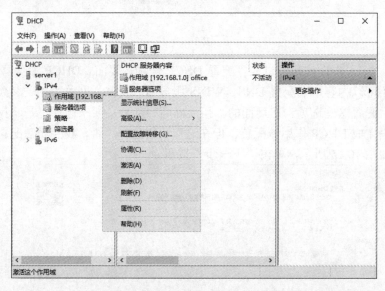

图 10.17

10）展开"作用域[192.168.1.0]"，右击"作用域选项"，选择"配置选项"命令，在打开的对话框中选择"003 路由器"进行网关设置，在"服务器名称"文本框中输入本机服务器名称"Server1"，在"IP 地址"文本框中输入本机服务器的网关"192.168.1.1"，然后单击"添加"按钮，如图 10.18 所示。

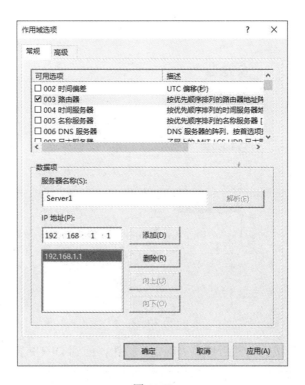

图 10.18

11）单击"应用"按钮，然后单击"确定"按钮，回到 DHCP 窗口，如图 10.19 所示。

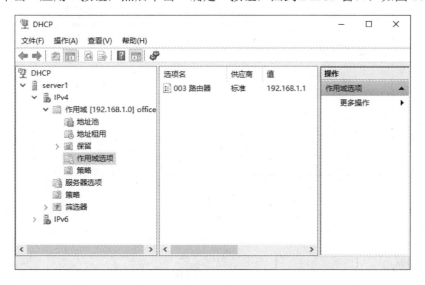

图 10.19

12）右击"作用域选项"，选择"配置选项"命令，在弹出的对话框中选择"006 DNS 服务器"进行 DNS 地址设置，在"服务器名称"文本框中输入 DNS 服务器名称"ADServer"，在"IP 地址"文本框中输入 ADServer 服务器的地址"192.168.1.200"，然后单击"添加"按钮，如图 10.20 所示。

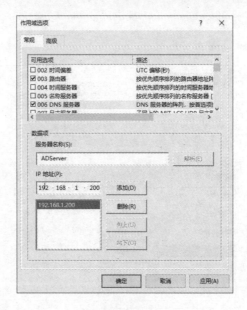

图 10.20

13）单击"应用"按钮，然后单击"确定"按钮，回到 DHCP 窗口，如图 10.21 所示。

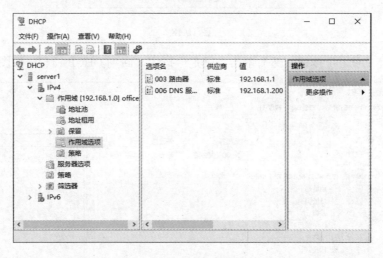

图 10.21

【相关知识】

1. 作用域

作用域是用于网络 IP 地址的连续范围。作用域通常定义提供 DHCP 服务网络上的单独物理子网。作用域还为服务器提供 IP 地址的分配和指派，以及与网上客户相关的任何配置参数的主要方法。

2. 服务器选项

服务器选项是指应用于默认 DHCP 服务器的所有作用域和客户机或它们所继承的选

项。此处配置的选项可被其他级别的不同配置值所覆盖，但前提是在"作用域选项"级别或"保留客户机"级别设置这些值。

3. 作用域选项

作用域选项只对指定作用域的客户机有效。此处配置的选项可以被"类选项"级别或"保留的客户机"级别不同的值所覆盖。

【拓展提高】

1. 设计

某单位需要架设一台 DHCP 服务器，其作用域为 192.168.10.1～192.168.10.200，默认网关为 192.168.10.1，单位的 DNS 服务器域名为 sz123.com，IP 地址为 192.168.10.2，Web 服务器的 IP 地址为 192.168.10.3，并保留 192.168.10.4 作为测试用。

2. 要求

1）配置到图 10.15 所示的"配置 DHCP 选项"界面时，要求选择"是，我想现在配置这些选项"来完成 DHCP 服务器作用域的配置。
2）配置的过程及结果，用截屏的方式保存好图片，格式为.bmp。
根据以上要求，设计合理的方案，搭建 DHCP 服务器，并配置好客户端。

任务 10.3 DHCP 客户端配置

【任务目标】

当 DHCP 服务器配置完成后，客户机就可以使用 DHCP 功能，通过设置网络属性中的 TCP/IP 通信协议属性，采用"DHCP 自动分配"或者"自动获取 IP 地址"方式获取 IP 地址，采用"自动获取 DNS 服务器地址"方

DHCP 客户端
配置

式获取 DNS 服务器地址，而无须为每台客户机设置 IP 地址、网关地址、子网掩码及 DNS 等属性。接下来的任务就是安装 DHCP 客户端，使客户机能自动获取 IP 地址、网关等。

【任务实现】

DHCP 客户端的设置非常简单。下面以 Windows 10 为例介绍 DHCP 服务器客户端的设置步骤。
1）选择"开始"→"设置"→"网络和 Internet"→"以太网"→"更改适配器设置"选项，然后右击 Ethernet0 并选择"属性"命令，打开如图 10.22 所示的对话框。
2）选中"Internet 协议版本 4（TCP/IPv4）"复选框，单击"属性"按钮，出现如图 10.23 所示的对话框。选中"自动获得 IP 地址"单选按钮，如果要从 DHCP 服务器获得 DNS 服务器地址，选中"自动获得 DNS 服务器地址"单选按钮，然后单击"确定"按钮。

再次单击"确定"按钮关闭"Ethernet0 属性"对话框。

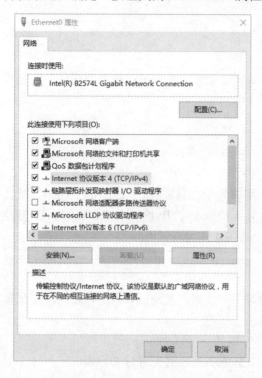

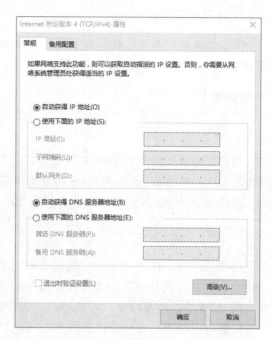

图 10.22 图 10.23

3）设置完成后，可以在命令提示符窗口中执行"ipconfig /all"命令查看 DHCP 客户端所获得的 IP 地址。可以发现它来自 DHCP 服务器的设置，如图 10.24 所示。

图 10.24

【相关知识】

DHCP 客户端为了获取合法的动态 IP 地址,在不同阶段与服务器之间交互不同的信息,通常存在以下 3 种模式。

(1) DHCP 客户端首次登录网络

DHCP 客户端首次登录网络时,主要通过发现阶段、提供阶段、选择阶段和确认阶段 4 个阶段与 DHCP 服务器建立联系。

(2) DHCP 客户端再次登录网络

DHCP 客户端首次正确登录网络后,以后再次登录网络时,只需要广播包含上次分配 IP 地址的 dhcp_request 报文即可,不需要再次发送 dhcp_discover 报文。

DHCP 服务器收到 dhcp_request 报文后,如果客户端申请的地址没有被分配,则返回 dhcp_ack 确认报文,通知该 DHCP 客户端继续使用原来的 IP 地址。

如果此 IP 地址无法再分配给该 DHCP 客户端使用(如已分配给其他客户端),DHCP 服务器将返回 dhcp_nak 报文。客户端收到后,重新发送 dhcp_discover 报文请求新的 IP 地址。

(3) DHCP 客户端延长 IP 地址的租用有效期

DHCP 服务器分配给客户端的动态 IP 地址通常有一定的租借期限,期满后服务器会收回该 IP 地址。如果 DHCP 客户端希望继续使用该地址,需要更新 IP 租约(如延长 IP 地址租约)。

实际使用中,在 DHCP 客户端启动或 IP 地址租约期限达到一半时,DHCP 客户端会自动向 DHCP 服务器发送 dhcp_request 报文,以完成 IP 租约的更新。如果此 IP 地址有效,则 DHCP 服务器回应 dhcp_ack 报文,通知 DHCP 客户端已经获得新 IP 租约。

另外,使用 ipconfig /release 命令可以释放动态获得的 IP 地址,使用 ipconfig /renew 命令可以重新获得 DHCP 指派的 IP 地址。

【拓展提高】

1. 设计

假设某单位采用 192.168.10.0 网段架设一台 DHCP 服务器,设计如下:

1) 这个网段的子网掩码都为 255.255.255.0。DHCP 客户机和 DHCP 服务器如图 10.25 所示。

2) 192.168.10.0 网段的网关地址为 192.168. 10.1。

3) DHCP 服务器的 IP 地址为 192.168.10.200。

2. 要求

配置的过程及结果用截屏的方式保存好图片,图片格式为.bmp。

根据以上要求与提示,设计合理的方案来搭建 DHCP 服务器,并配置好客户端。

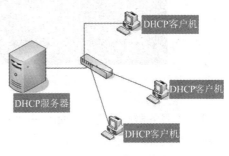

图 10.25

任务 10.4 | DHCP 配置选项

【任务目标】

至此，我们已经成功地在 Windows Server 2019 中安装了 DHCP 服务器，但是由于自动获取 IP 地址存在漏洞和缺陷，ARP 欺骗病毒经常针对其漏洞和缺陷制作假 IP 地址或 MAC 地址信息进行欺骗，造成整个网络的瘫痪。

DHCP 配置选项

除此之外，在上网的高峰期经常出现 IP 冲突，造成用户掉线等问题。面对这些问题，我们找到的解决办法就是把客户端的 MAC 地址与 DHCP 服务器地址池中的 IP 地址进行绑定，这就是接下来要完成的任务。

【任务实现】

具体步骤如下：

1）获取需要绑定的客户端的 MAC 地址（物理地址），方法是打开客户端的命令提示符窗口，输入命令 ipconfig/all，这时便可得到物理地址，如图 10.26 所示。

图 10.26

2）在服务器端选择"开始"→"Windows 管理工具"→"DHCP"选项打开 DHCP 服务器，如图 10.27 所示。

3）启动后的 DHCP 服务器管理界面如图 10.28 所示。

4）右击"保留"选项，选择"新建保留"命令，弹出如图 10.29 所示的对话框。

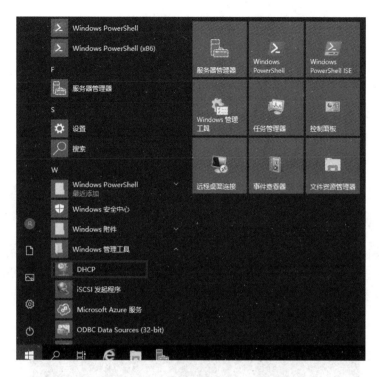

图 10.27

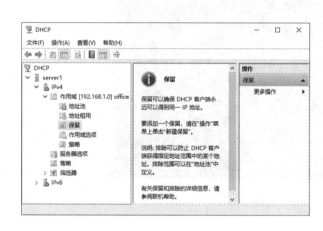

图 10.28   图 10.29

5）在"保留名称"文本框中输入客户端的计算机名称，在"MAC 地址"文本框中输入客户端的物理地址，在"IP 地址"文本框输入地址段 192.168.1.100～192.168.1.254 中未被使用的 IP 地址，如 192.168.1.111，将其分配给打印机连接的这台计算机，"描述"文本框中可以输入一些相关的信息，也可以不填写，如图 10.30 所示。

6）单击"添加"按钮，这时"保留"选项里面已保留了这个客户端的名称与分配的 IP 地址，如图 10.31 所示。如果还需要绑定客户端，可在此继续添加。这样就可以把每个客户机的 MAC 地址绑定一个 IP 地址。

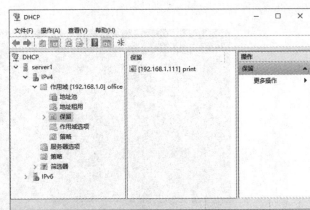

图 10.30   图 10.31

7）打开刚刚配置的客户机，在命令提示符窗口中先后执行"ipconfig /release""ipconfig /renew""ipconfig /all"命令查看 DHCP 客户端所获得的 IP 地址，会发现客户机确实获取到了 DHCP 服务器中保留的地址，如图 10.32 所示。

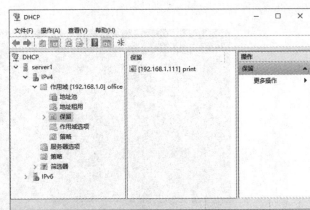

图 10.32

【相关知识】

租期是指 DHCP 客户端从 DHCP 服务器获得完整的 TCP/IP 配置后对该 TCP/IP 配置的使用时间。

可以使用保留创建通过 DHCP 服务器的永久地址租期指派。

排除范围是作用域内从 DHCP 服务中排除的有限 IP 地址序列。排除范围确保在这些范围中的任何地址都不是由网络上的服务器提供给 DHCP 客户机的。

在定义 DHCP 作用域并应用排除范围之后，剩余的地址在作用域内形成可用地址。

【拓展提高】

若 DHCP 服务器与 DHCP 客户端分别处于不同网段，由于 DHCP 消息是以广播为主，而连接这两个网络的路由器不会转发广播，这样就限制了 DHCP 的使用范围，可以使用 DHCP 中继来解决这个问题。

项目实训

【实训说明】

某公司由于计算机数量增加，使用固定 IP 地址越来越不方便，于是决定建一个 DHCP 服务器来满足公司需求。

【实训要求】

首先使用 X 代表每个学生的学号，如 1 号同学使用 1，10 号同学使用 10，以防止实训中各个学生的 DHCP 服务器发生冲突。

1）在 Windows Server 2019 上安装 DHCP，取值范围为 10.1.X.100～10.1.X.150 和 10.1.X.200～10.1.X.250，网关为 10.1.X.1，可以分配的子网掩码为 255.255.255.0、DNS 为 10.1.X.2。

2）设定客户端获取 IP 之后，IP 地址的有效租期为 120 小时。

3）MAC 地址 E4-A7-A0-1A-8D-CA 和 C8-5B-76-5E-CF-F0 拥有固定 IP 地址 10.1.X.10 和 10.1.X.12。

项目评价

1）DHCP 服务器安装成功。

2）DHCP 作用域地址池设置正确。

3）DHCP 有效租期设置正确。

4）固定 IP 地址与 MAC 地址绑定正确。

5）DHCP 服务器中，网关地址和 DNS 地址设置正确。

6）DHCP 客户机设置为自动获取 IP 地址，并能正确获取 IP 地址。

读书笔记

项目 11　网络高级设置

2020 年春节前夕，防控新冠肺炎疫情攻坚战打响，全国人民都密切关注着疫情的发展。与此同时，为了阻断疫情的继续发展，大家响应党和国家的号召，不外出，不聚集。

越来越多的企事业单位选择了远程在线办公，而线上学习的方式也正式推出，用于解决疫情期间员工复工、学生上课存在的一些难题。

那么，在学校的信息化建设中需要做哪些调整，以便为实现远程办公、线上复学等提供方便、快捷、安全、可靠的 Internet 服务呢？

当下，国内外互联网公司均已经启用了全站 HTTPS 协议对外提供 Web 服务，初衷是保证数据传输安全。在互联网高速发展的时代，在方便、快捷的互联网交互服务中不免隐藏着各种不可见的危机，为了保证数据传输安全，维护网络稳定，建议企事业单位的 Web 站点服务以 HTTPS 代替传统的 HTTP。

在当前国内学校的信息化建设中，计算机实训课室和多媒体课室在实现学生机上网服务时，大多数情况下选择搭建一台代理服务器以节约成本。通常采用一台安装有 Windows Server 系统的主机携带双网卡充当代理服务器，一张网卡接入校园网并自动获取校园网 IP 地址，另一张网卡接入课室的局域网，为其设置一个私有 IP 地址，如 192.168.100.1，并配置 DHCP 服务器，设置 DHCP 的作用域为 192.168.100.2 ~

192.168.100.254，子网掩码为 255.255.255.0，网关为 192.168.100.1，DNS 设置为校园网 DNS 服务器的 IP。通过安装并部署远程访问服务即可实现代理服务，为课室内的学生机提供 Internet 服务。

在远程办公和线上复学方面，企事业单位以及学校的信息化建设中，选择搭建 VPN 服务。每一个客户端只要连接到可用的 VPN 服务，就能轻松地访问内网中的各种资源与服务，为远程办公、远程教学、线上课程等提供了便捷的服务。

本例的实训采用模拟环境，实施的过程都在虚拟机内进行。通过创建 SSL 网站证书、设置路由器、实现网络地址转换和架设虚拟专用网络 VPN，让学生掌握在 Windows Server 2019 操作系统中设置高级网络的方法，强化学生对网络高级课程知识点的理解与掌握。

技能目标

- 掌握设置 SSL 网站证书的方法。
- 掌握 Windows Server 2019 中设置路由器的方法。
- 掌握 Windows Server 2019 中实现网络地址转换的方法。
- 掌握 Windows Server 2019 中架设虚拟专用网络 VPN 的方法。

任务 11.1 ▌ 创建 SSL 网站证书

创建 SSL 网站
证书

【任务目标】

在 Windows Server 2019 系统下安装 IIS 服务并架设一个 Active Directory
证书服务，创建证书申请文件，利用网页浏览器将证书申请文件发给 CA
（certificate authority，证书授权中心），然后下载证书文件。将已下载的证书
安装到 IIS，并将其绑定到网站，最后测试浏览器与网站的 SSL 安全连接功能是否正常。

【任务实现】

具体步骤如下：

1）服务器基础信息如图 11.1 所示，安装 IIS 服务器的方法请参考项目 8，IIS 服务器
安装完毕后开始安装 Active Directory 证书服务。依次选择"开始"→"服务器管理器"选
项，打开"服务器管理器"窗口，单击"添加角色和功能"链接，如图 11.2 所示。当出现
如图 11.3 所示"开始之前"界面时单击"下一步"按钮。

2）进入如图 11.4 所示的界面，选中"Active Directory 证书服务"复选框，然后单击
"下一步"按钮。

```
管理员: Windows PowerShell                                        —    □    ×
PS C:\Users\Administrator> systeminfo
主机名:                  ADSERVER
OS 名称:                 Microsoft Windows Server 2019 Datacenter
OS 版本:                 10.0.17763 暂缺 Build 17763
OS 制造商:               Microsoft Corporation
OS 配置:                 主域控制器
OS 构件类型:             Multiprocessor Free
注册的所有人:            Windows 用户
注册的组织:
产品 ID:                 00430-70000-00001-AA239
初始安装日期:            2020/5/2, 14:49:55
系统启动时间:            2020/5/2, 22:39:54
系统制造商:              VMware, Inc.
系统型号:                VMware7,1
系统类型:                x64-based PC
处理器:                  安装了 2 个处理器。
                         [01]: Intel64 Family 6 Model 158 Stepping 9 GenuineIntel ~3408 Mhz
                         [02]: Intel64 Family 6 Model 158 Stepping 9 GenuineIntel ~3408 Mhz
BIOS 版本:               VMware, Inc. VMW71.00V.14410784.B64.1908150010, 2019/8/15
Windows 目录:            C:\Windows
系统目录:                C:\Windows\system32
启动设备:                \Device\HarddiskVolume1
系统区域设置:            zh-cn;中文(中国)
输入法区域设置:          zh-cn;中文(中国)
时区:                    (UTC+08:00) 北京, 重庆, 香港特别行政区, 乌鲁木齐
物理内存总量:            1,023 MB
可用的物理内存:          60 MB
虚拟内存: 最大值:        2,047 MB
虚拟内存: 可用:          908 MB
虚拟内存: 使用中:        1,139 MB
页面文件位置:            C:\pagefile.sys
域:                      abc.com
登录服务器:              \\ADSERVER
修补程序:                安装了 1 个修补程序。
                         [01]: KB4464455
网卡:                    安装了 1 个 NIC。
                         [01]: Intel(R) 82574L Gigabit Network Connection
                              连接名:      Ethernet0
                              启用 DHCP:   否
                              IP 地址
```

图 11.1

275

图 11.2

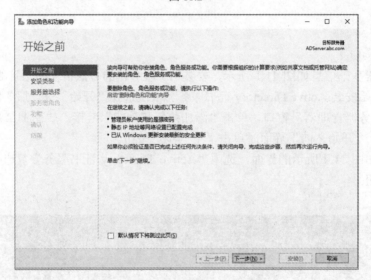

图 11.3

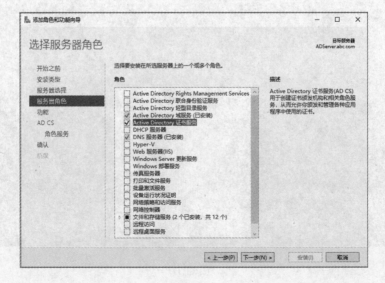

图 11.4

3）进入如图 11.5 所示的界面，阅读注意事项后单击"下一步"按钮。

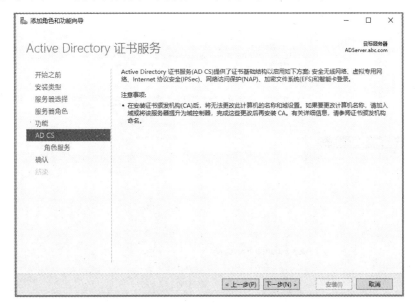

图 11.5

4）进入如图 11.6 所示的界面，除了默认选中的"证书颁发机构"复选框，还要选中"证书颁发机构 Web 注册"复选框，单击"下一步"按钮。

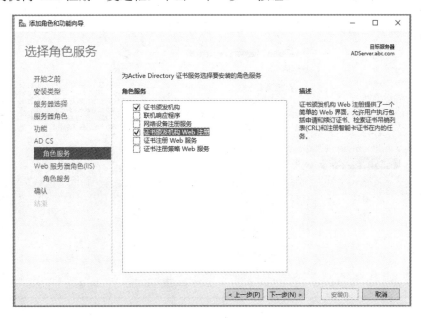

图 11.6

5）进入如图 11.7 所示的界面，直接单击"下一步"按钮。

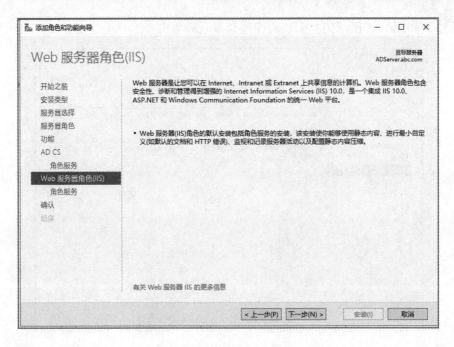

图 11.7

6）进入如图 11.8 所示的界面，直接单击"下一步"按钮。

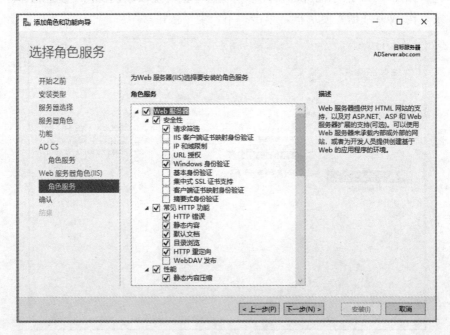

图 11.8

7）进入如图 11.9 所示的界面，确认无误后单击"安装"按钮。

8）安装完成后，单击"配置目标服务器上的 Active Directory 证书服务"链接，如图 11.10 所示。

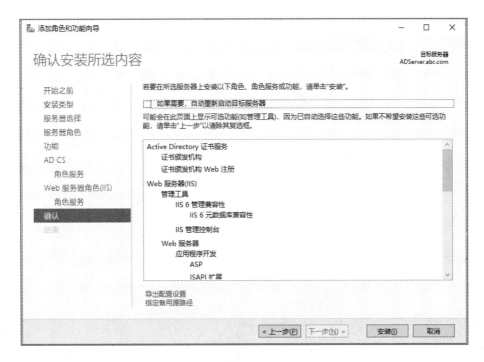

图 11.9

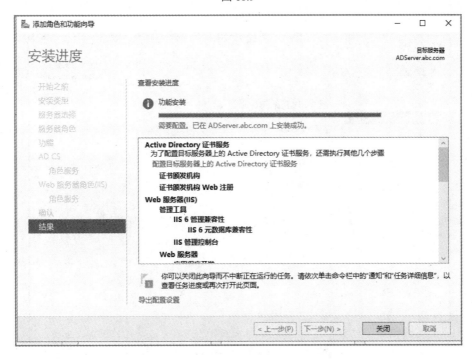

图 11.10

9）进入如图 11.11 所示的界面，单击"下一步"按钮。

10）进入如图 11.12 所示的界面，除了默认选中的"证书颁发机构"复选框，还要选中"证书颁发机构 Web 注册"复选框，然后单击"下一步"按钮。

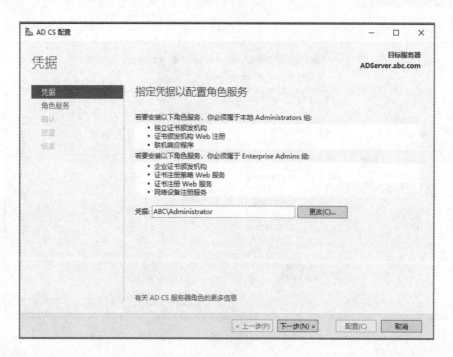

图 11.11

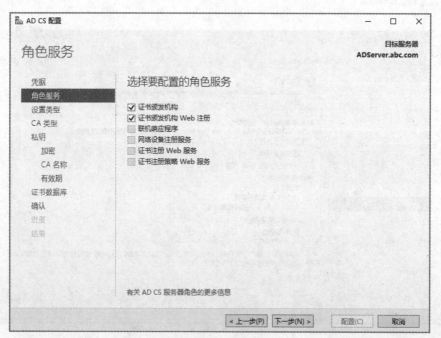

图 11.12

11）进入如图 11.13 所示的界面，选中"企业 CA"单选按钮，然后单击"下一步"按钮。

12）进入如图 11.14 所示的界面，选中"根 CA"单选按钮，然后单击"下一步"按钮。

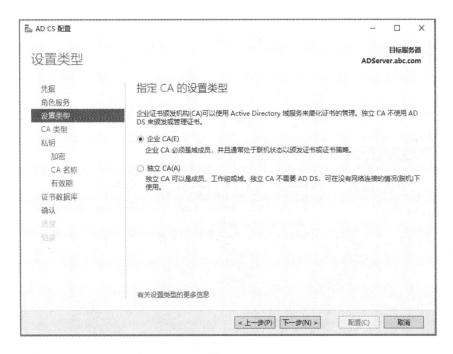

图 11.13

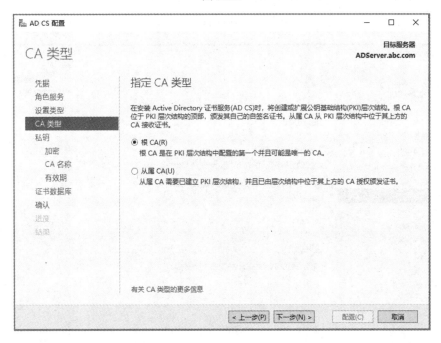

图 11.14

13）进入如图 11.15 所示的界面，这是 CA 的私钥，必须先拥有私钥才可以发放证书给客户端。选中"创建新的私钥"单选按钮，然后单击"下一步"按钮。

14）进入如图 11.16 所示的界面，采用默认的私钥创建方法，然后单击"下一步"按钮。

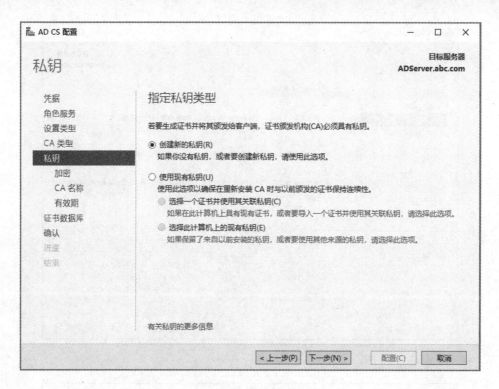

图 11.15

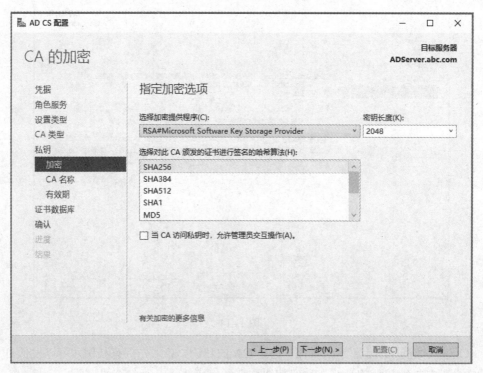

图 11.16

15）进入如图 11.17 所示的界面，自定义 CA 的公用名称，然后单击"下一步"按钮。

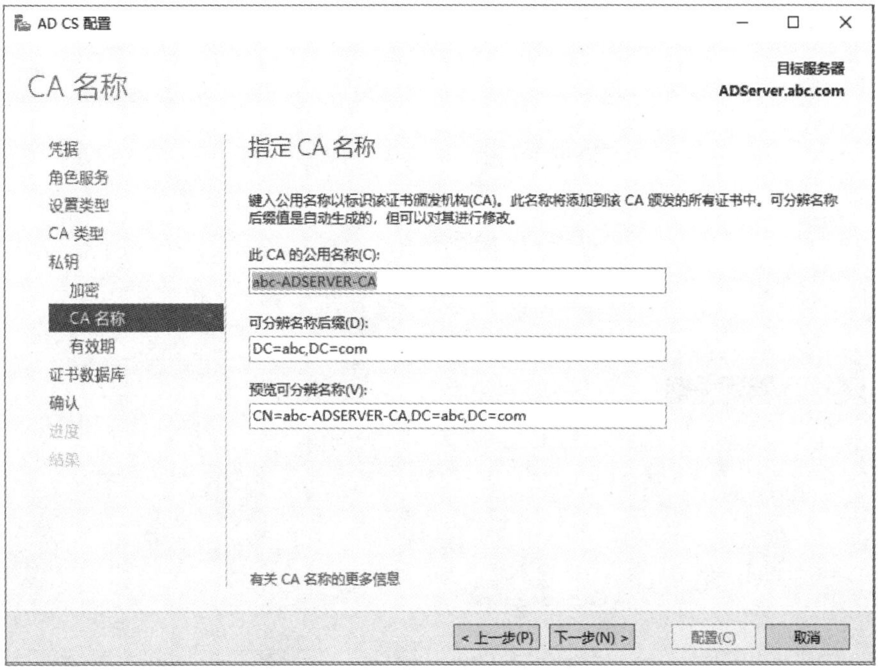

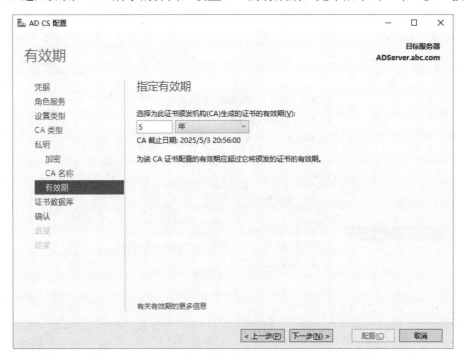

图 11.17

16）进入如图 11.18 所示的界面，设置 CA 的有效期，完毕后单击"下一步"按钮。

图 11.18

17）进入如图 11.19 所示的界面，采用默认值，单击"下一步"按钮。

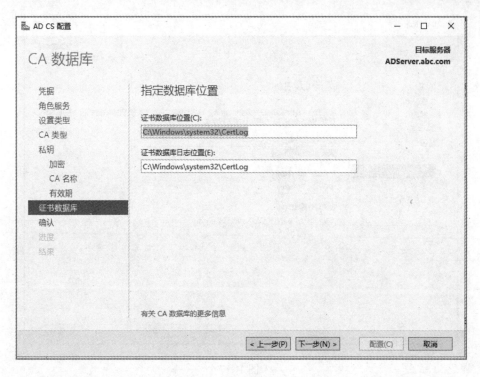

图 11.19

18）进入如图 11.20 所示的界面，确认选择无误后单击"配置"按钮。

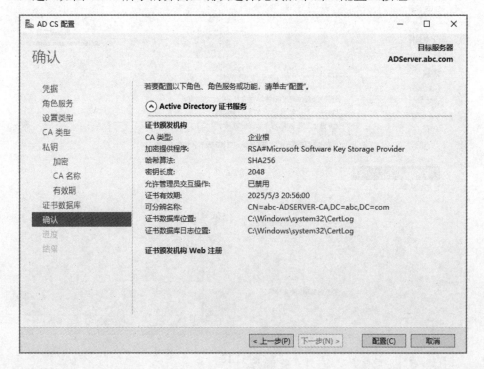

图 11.20

19）安装完成后，依次选择"开始"→"Windows 管理工具"→"证书颁发机构"选项，若能正常打开则表明安装成功。

20）服务器信息如图 11.21 所示。为了演练如何在网站上创建证书，事前已经创建了一个测试网站，是 www.abc.com。依次选择"开始"→"Windows 管理工具"→"Internet 信息服务（IIS）管理器"选项，打开"Internet Information Services（IIS）管理器"窗口，选择左边的本地服务器，双击 IIS 栏中的"服务器证书"选项，如图 11.22 所示。

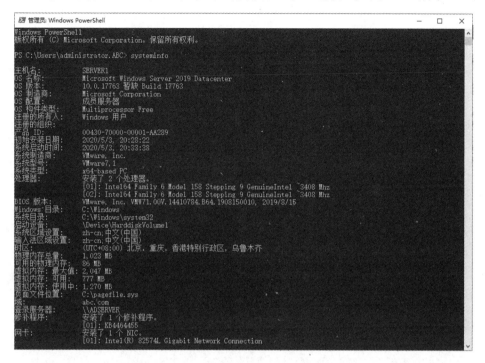

图 11.21

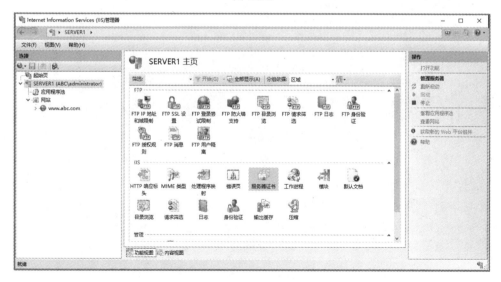

图 11.22

21）进入如图 11.23 所示的界面，单击"操作"窗格中的"创建证书申请"链接。

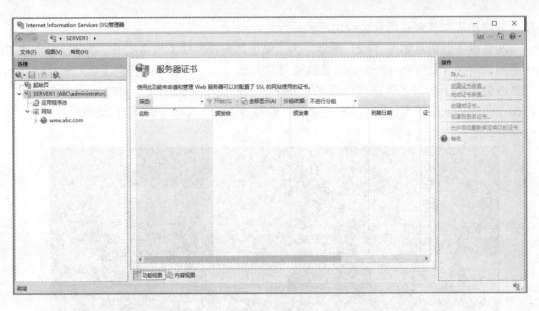

图 11.23

22）打开如图 11.24 所示的对话框，输入网站的相关数据，然后单击"下一步"按钮。注意"通用名称"文本框内必须输入测试网站。

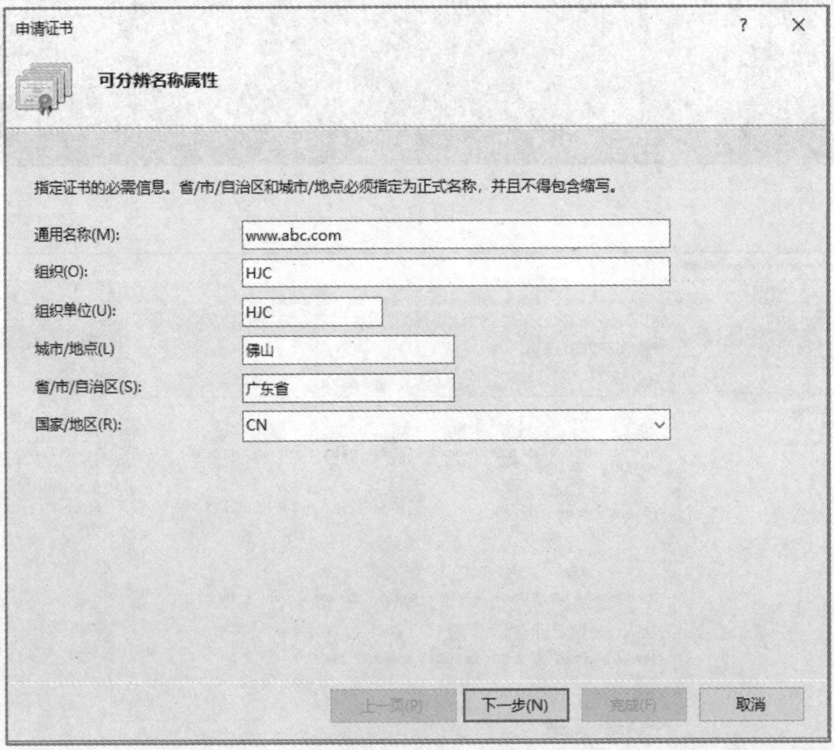

图 11.24

23）进入如图 11.25 所示的界面，其中"位长"用来指定网站公钥的长度，位长越长，安全性越高，但性能越低，一般选择 1024 位即可，完毕后单击"下一步"按钮。

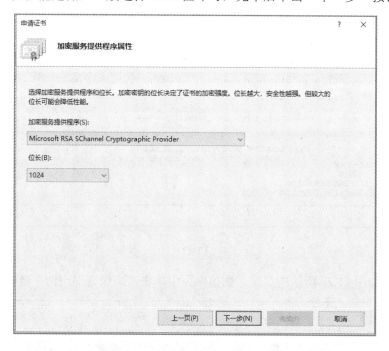

图 11.25

24）进入如图 11.26 所示的界面，设置好证书申请文件的文件名和存储位置，完毕后单击"完成"按钮。

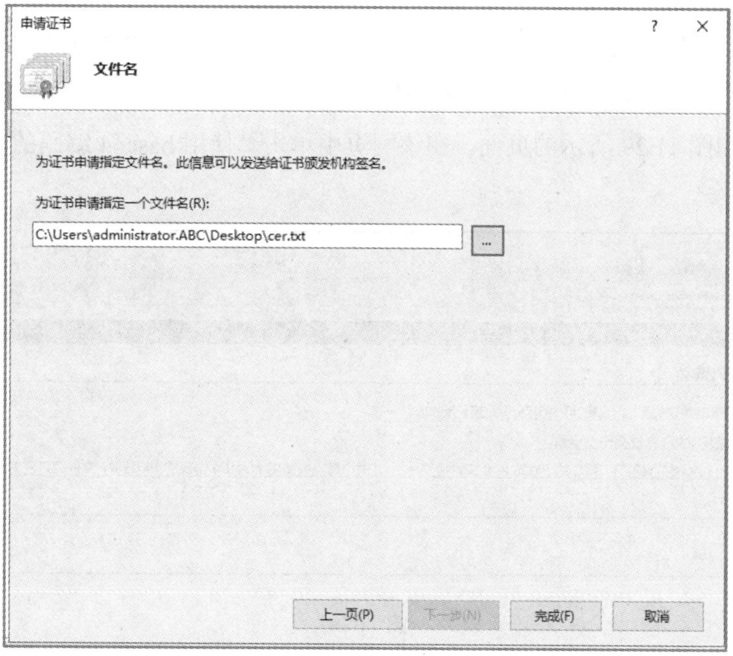

图 11.26

25）以上步骤完成后，接下来将申请证书与下载证书。如图 11.27 所示，在浏览器的地址栏中输入 "http://192.168.1.200/certsrv"，打开申请证书的网站，然后单击 "申请证书" 链接。

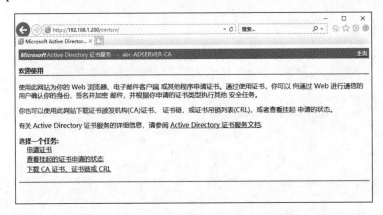

图 11.27

26）进入如图 11.28 所示的页面，在该网页中单击 "高级证书申请" 链接。

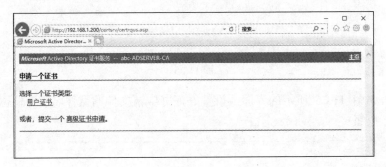

图 11.28

27）进入如图 11.29 所示的页面，在该网页中单击 "使用 base64 编码的 CMC 或……" 链接。

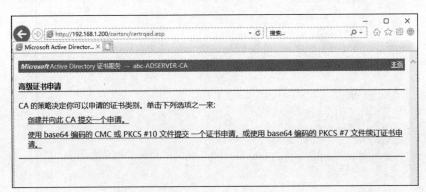

图 11.29

28）在继续下一个步骤之前，先使用 "记事本" 程序打开前面的证书申请文件 cer.txt，然后复制文档中的所有内容，如图 11.30 所示。

29）将复制的内容粘贴到如图 11.31 所示的"Base-64-encoded certificate request"文本框中，"证书模板"选择"Web 服务器"，完成后单击"提交"按钮。

图 11.30

图 11.31

30）进入如图 11.32 所示的页面，单击"下载证书"链接并将其保存起来。

图 11.32

31）下面将从 CA 中下载的证书安装到 IIS 上。如图 11.33 所示，打开 IIS 管理器，单击左方的本地服务器，并双击 IIS 栏中的"服务器证书"选项。

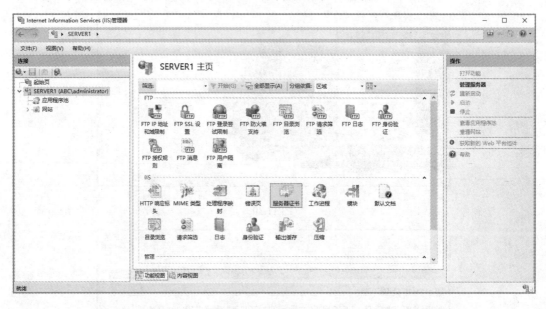

图 11.33

32）进入如图 11.34 所示的界面，单击右侧的"完成证书申请"链接。

图 11.34

33）打开如图 11.35 所示的对话框，选择之前下载的证书文件，并为此证书设置一个好记的名称，完毕后单击"确定"按钮。

34）将 HTTPS 协议绑定到测试网站 www.abc.com 中，如图 11.36 所示，选中测试网站后，单击右侧的"绑定"链接。

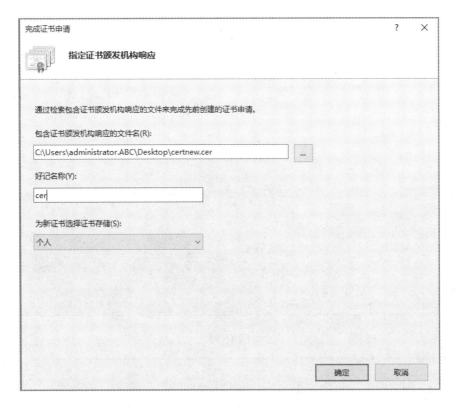

图 11.35

图 11.36

35）打开如图 11.37 所示的对话框，单击"添加"按钮，在弹出的对话框的"类型"下拉列表框中选择"https"，在"SSL 证书"下拉列表框中选择刚才设置好名称的证书，完毕后分别单击"确定"和"关闭"按钮。

36）连接到此页面，如果 IE 浏览器出现图 11.38 中所示的锁状图标则表明浏览器与网站之间已经采用 SSL 安全连接。

图 11.37

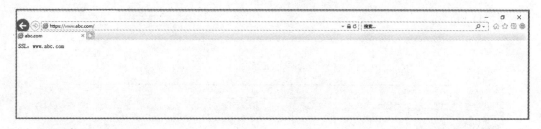

图 11.38

【相关知识】

SSL 是一个以公钥（public key）为基础的安全通信协议，因此必须为网站向 CA 申请证书。

SSL 的工作原理为：在为网站安装证书后，就可以针对整个网站、某个单一文件夹或网页启用 SSL，若要连接这个网站、文件夹或网页，就必须与网站之间建立 SSL 连接，而建立此连接的方法是将 http 改为 https，如 https:// www.abc.com。通过这种方式，双方将建立一个 SSL 连接，此连接的主要目的是建立一个双方都同意的"会话密钥"，此密钥用来将双方所传送的信息加密、解密和确认信息是否被修改。

SSL 协议提供的服务一是认证用户和服务器，确保数据发送到正确的客户机和服务器；二是加密数据以防止数据中途被窃取；三是维护数据的完整性，确保数据在传输过程中不被改变。

SSL 协议的工作流程为：首先，客户端向服务器发送一个开始信息以便开始一个新的会话连接；其次，服务器根据客户的信息确定是否需要生成新的主密钥，如需要则服务器在响应客户的会话信息时将包含生成主密钥所需的信息；然后，客户根据收到的服务器响应信息产生一个主密钥，并用服务器的公开密钥加密后传给服务器；最后，服务器恢复该主密钥，并返回给客户一个用主密钥认证的信息，以此让客户认证服务器。

【拓展提高】

1）一台安装 Windows Server 2019 系统的主机中，只能创建一个 SSL 网站，不能创建多个，而普通的网站可以根据不同的主机头创建多个网站。

2）用 https 的服务器必须从 CA 申请一个用于证明服务器用途类型的证书。CA 收到申请后，首先判断申请者的身份，然后为其分配一个公钥，并且 CA 将该公钥与申请者的身份信息绑在一起并为之签字后，形成证书发给申请者。

任务 11.2 设置路由器

【任务目标】

设置路由器

在 Windows Server 2019 虚拟机下加载两块虚拟网卡。按照图 11.39 所示网络拓扑图，将路由器 1、计算机 1 和计算机 2 的 IP 地址、默认网关等设置好，并利用 ping 命令来确认计算机 1 与路由器 1、路由器 1 与计算机 2 之间都可以正常通信。注意，图中的路由器 1 扮演着 Windows Server 2019 虚拟机的角色。

【任务实现】

具体步骤如下：

1）Windows Server 2019 虚拟机要加载两张虚拟网卡。打开 VMware 中已安装好的 Windows Server 2019 虚拟机，选择"编辑虚拟机设置"命令，打开"虚拟机设置"对话框，选择"硬件"选项卡，单击"添加"按钮，如图 11.40 所示。

图 11.39

图 11.40

2）如图 11.41 所示，在"添加硬件向导"对话框中选择"网络适配器"选项，然后单击"完成"按钮。

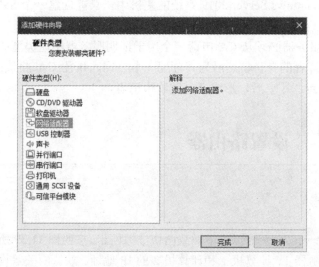

图 11.41

3）如图 11.42 所示，因为 Windows Server 2019 虚拟机已经有了一块虚拟网卡，所以用户只需添加一块虚拟网卡，而且还要把原有的网卡桥接出来。

图 11.42

4）服务器基础信息如图 11.43 所示。启动 Windows Server 2019 虚拟机，在配置路由器之前，建议将系统的两块网卡默认名称"本地连接"和"本地连接 2"更改为比较有意义的名称，方便区分 A 和 B 网络。如图 11.44 所示，选择"开始"→"设置"→"网络连接"选项，分别在 Ethernet1 和 Ethernet2 上右击，选择"重命名"命令，将其分别命名为 A 网络和 B 网络。

图 11.43

图 11.44

5）安装 Windows Server 2019 路由器。依次选择"开始"→"服务器管理器"选项，在打开的"服务器管理器"窗口中单击"添加角色和功能"链接，出现"添加角色和功能向导"的界面时直接单击"下一步"按钮，至"选择服务器角色"界面时，选中"远程访问"复选框，然后单击"下一步"按钮，如图 11.45 所示。

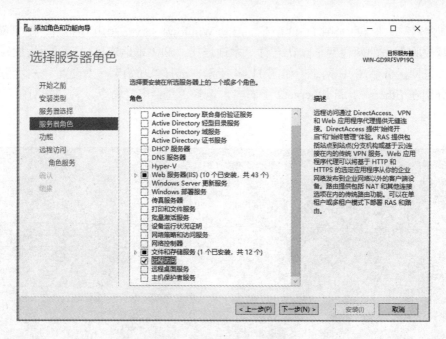

图 11.45

6) 在出现"选择功能"界面时单击"下一步"按钮。

7) 在出现"网络策略和访问服务"界面时单击"下一步"按钮。

8) 在出现"远程访问"界面时单击"下一步"按钮。

9) 在出现如图 11.46 所示的界面时，选中"路由"复选框。

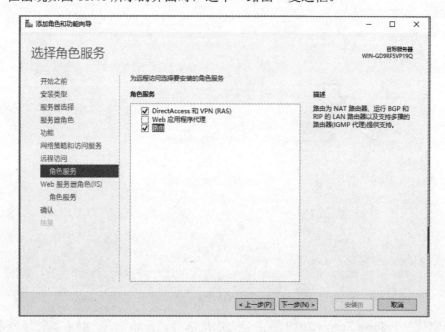

图 11.46

10) 在出现"Web 服务器角色（IIS）"界面时单击"下一步"按钮。

11) 在出现"选择角色服务"界面时单击"下一步"按钮。

12）在"确认安装所选内容"界面中单击"安装"按钮，安装成功后单击"关闭"按钮。

13）接下来开始配置路由器。选择"开始"→"管理工具"→"服务器管理器"→"路由和远程访问"选项，在打开窗口的本地计算机上右击，选择"配置并启用路由和远程访问"命令，如图 11.47 所示。

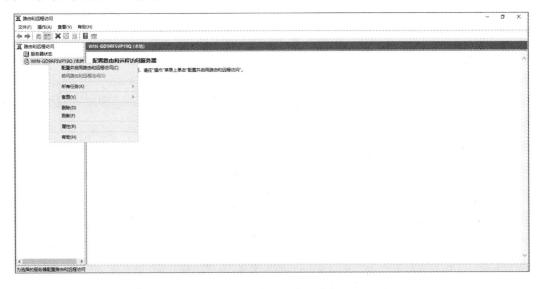

图 11.47

14）打开"欢迎使用路由和远程访问服务器安装向导"对话框，单击"下一步"按钮。

15）出现如图 11.48 所示的界面，选中"自定义配置"单选按钮，然后单击"下一步"按钮。

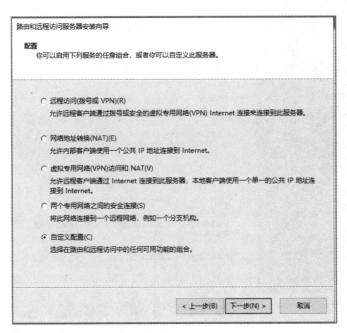

图 11.48

16）出现如图 11.49 所示的界面，选中"LAN 路由"复选框，然后单击"下一步"按钮。

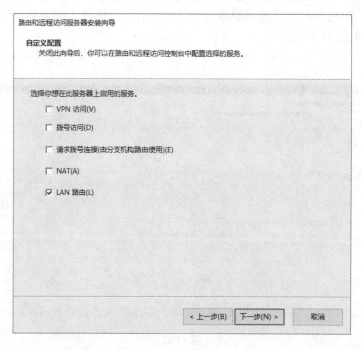

图 11.49

17）出现如图 11.50 所示的界面，单击"完成"按钮。

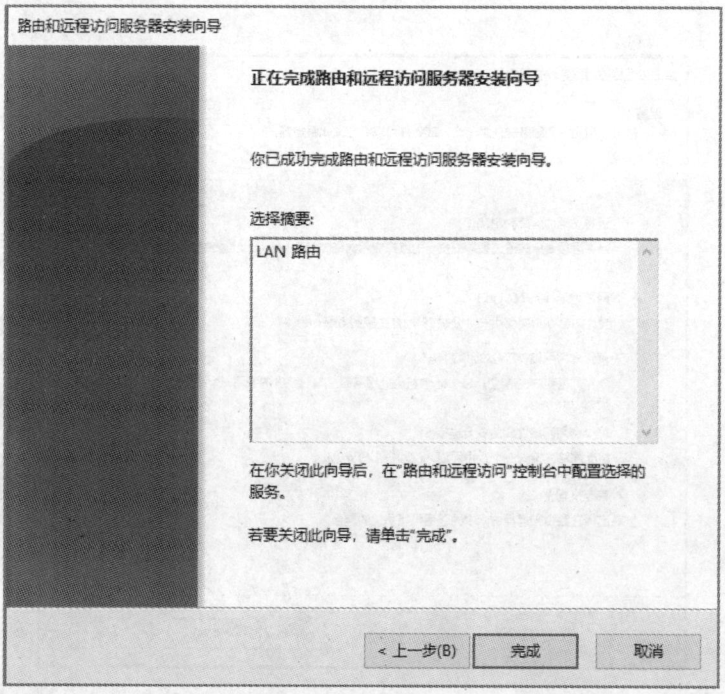

图 11.50

18）出现如图 11.51 所示的界面，单击"启动服务"按钮。

图 11.51

19）配置完毕后可以通过以下途径来确认 Windows Server 2019 是否已启用路由器功能：右击本地计算机并选择"属性"命令，在弹出的对话框中确认已选中"IPv4 路由器"复选框，如图 11.52 所示。

图 11.52

20）完成以上配置后，网络拓扑图中 A 网络的计算机 1 与 B 网络的计算机 2 就可以正常通信，用户可以通过 ping 命令来测试。图 11.53 所示为计算机 1 ping 计算机 2，图 11.54 所示为计算机 2 ping 计算机 1。

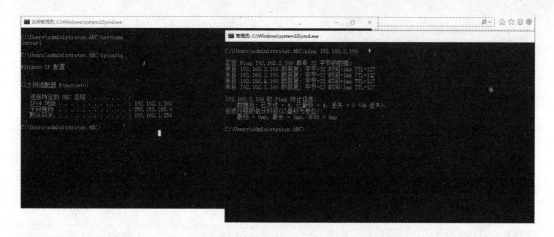

图 11.53

图 11.54

任务 11.3 实现网络地址转换

【任务目标】

1）安装网络地址转换（NAT）服务器。
2）内网的计算机通过地址转换访问外网的服务器。
3）内网的计算机通过 PPPoE 拨号到网络地址转换服务器上。

实现网络地址
转换

【任务实现】

1）参照任务 11.2 的步骤安装"路由和远程访问"服务，安装完毕后依次选择"开始"→"Windows 管理程序"→"服务器管理器"→"路由和远程访问"选项，右击本地计算机，选择"配置并启用路由和远程访问"命令，如图 11.55 所示。

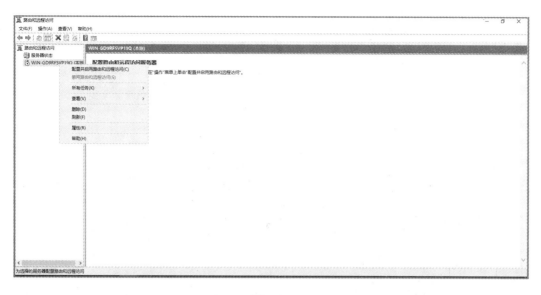

图 11.55

2）在弹出的"欢迎使用路由和远程访问服务器安装向导"界面中单击"下一步"按钮。

3）进入如图 11.56 所示的界面，选中"网络地址转换（NAT）"单选按钮。

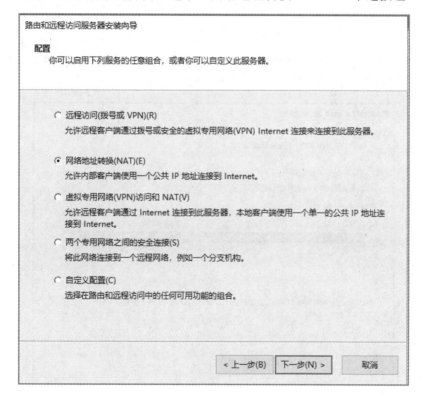

图 11.56

4）进入如图 11.57 所示的界面，选中"创建一个新的到 Internet 的请求拨号接口"单选按钮，然后单击"下一步"按钮。

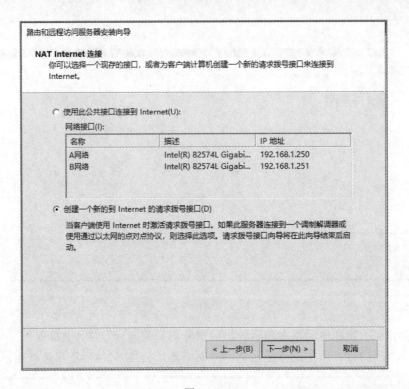

图 11.57

5）在图 11.58 中选择被允许通过 NAT 服务器来连接因特网的内部网络，如这里选择连接到 NAT 服务器内网卡的网络，单击"下一步"按钮。

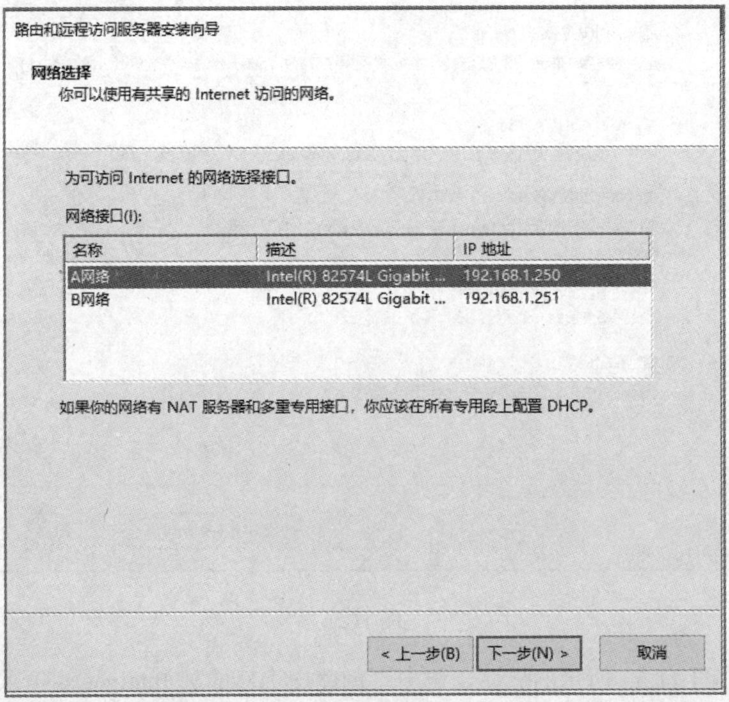

图 11.58

6）进入如图 11.59 所示的界面，直接单击"下一步"按钮。

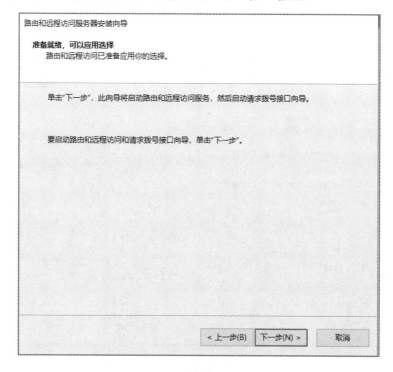

图 11.59

7）出现"欢迎使用请求拨号接口向导"界面时单击"下一步"按钮。

8）出现如图 11.60 所示的界面，在这里为此连接设置名称，如"PPPoE 拨号"。

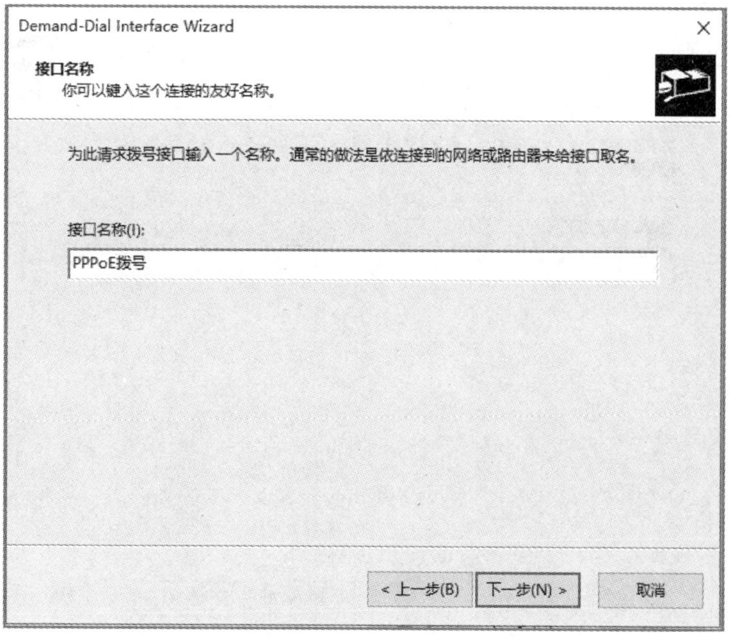

图 11.60

9）出现如图 11.61 所示的界面，选中"使用以太网上的 PPP（PPPoE）连接"单选
按钮。

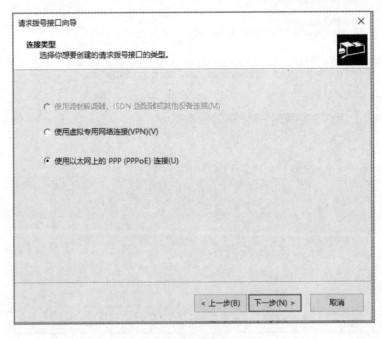

图 11.61

10）在图 11.62 中直接单击"下一步"按钮。注意，"服务器（可选）"文本框保留空
白或按照 ISP 的要求来设置，请勿随意设置，否则可能无法连接。

图 11.62

11）如果 ISP 不支持密码加密功能，应在图 11.63 中选中"如果这是唯一连接的方式的话，就发送纯文本密码"复选框，然后单击"下一步"按钮。

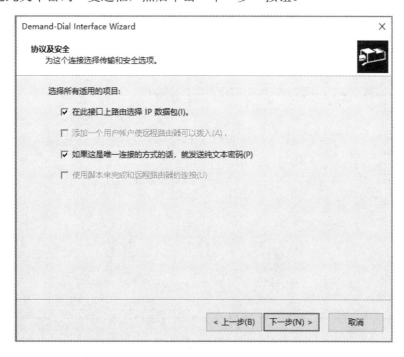

图 11.63

12）在图 11.64 中输入用来连接到 ISP 的用户名和密码。

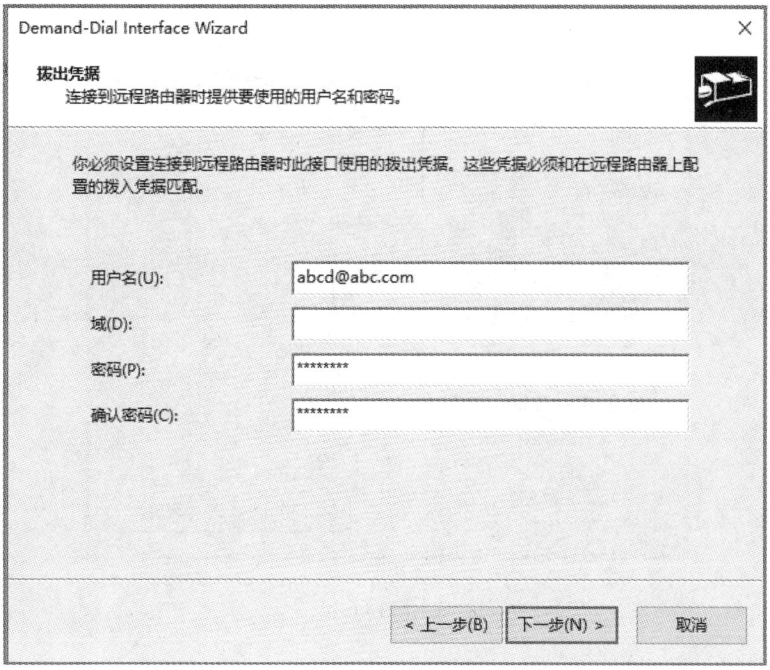

图 11.64

13）出现"完成请求拨号接口向导"界面时单击"完成"按钮。

14）出现"完成路由和远程访问服务器安装向导"界面时单击"完成"按钮。

15）如图 11.65 所示，展开"IPv4"列表，右击"静态路由"选项，选择"新建静态路由"命令。

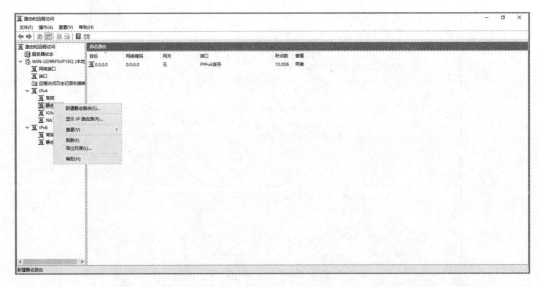

图 11.65

16）如图 11.66 所示，为 NAT 服务器新建一个默认网关，表示只要在路由表找不到适当的路径，就通过 PPPoE 请求拨号接口来连接因特网。设置完成后单击"确定"按钮。

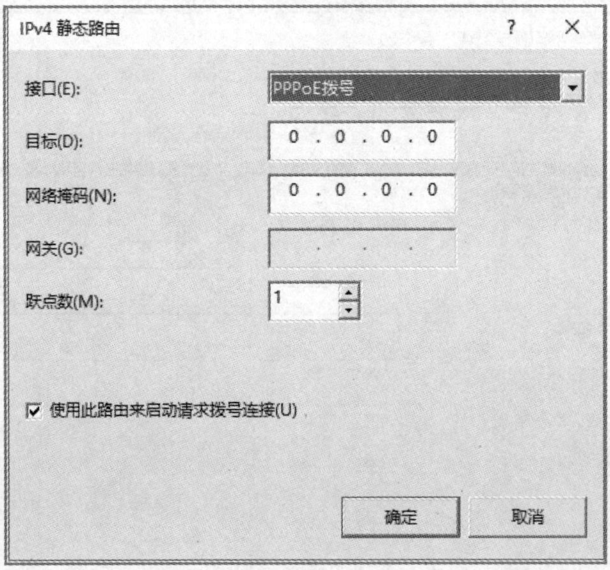

图 11.66

17）回到"路由和远程访问"窗口，完成后的界面如图 11.67 所示。

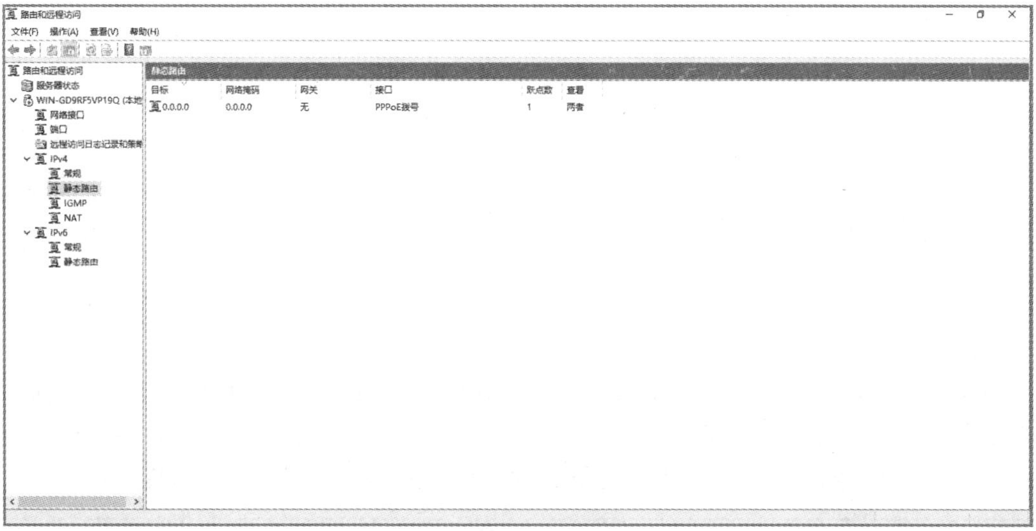

图 11.67

完成以上设置后，当客户端用户连接因特网的请求（如上网、收发电子邮件等）被发送到 NAT 服务器后，NAT 服务器就会自动通过 PPPoE 请求拨号来连接 ISP 与因特网。

【相关知识】

NAT 的实现方式有 3 种，即静态转换、动态转换和端口地址转换。

1）静态转换是指将内部网络的私有 IP 地址转换为公有 IP 地址，IP 地址是一对一的，是一成不变的，某个私有 IP 地址只转换为某个公有 IP 地址。借助于静态转换，可以实现外部网络对内部网络中某些特定设备（如服务器）的访问。

2）动态转换是指将内部网络的私有 IP 地址转换为公有 IP 地址时，IP 地址是不确定的，是随机的，所有被授权访问 Internet 的私有 IP 地址可随机转换为任何指定的合法 IP 地址。也就是说，只要指定哪些内部地址可以进行转换，以及用哪些合法地址作为外部地址时，就可以进行动态转换。动态转换可以使用多个合法外部地址集。当 ISP 提供的合法 IP 地址略少于网络内部的计算机数量时，可以采用动态转换的方式。

3）端口地址转换是指改变外出数据包的源端口并进行端口转换。采用端口地址转换时，内部网络的所有主机均可共享一个合法外部 IP 地址实现对 Internet 的访问，从而可以最大限度地节约 IP 地址资源。同时，又可隐藏网络内部的所有主机，有效避免来自 Internet 的攻击。因此，目前网络中应用最多的就是端口地址转换。

【拓展提高】

网络地址转换被广泛应用于各种类型的 Internet 接入方式和网络，原因很简单，即 NAT 不仅完美地解决了 IP 地址不足的问题，而且还能有效地避免来自网络外部的攻击，隐藏并保护网络内部的计算机。

任务 11.4 架设虚拟专用网络 VPN

架设虚拟专用
网络 VPN

【任务目标】

1）架设 PPTP VPN 服务器。

2）使用 PPTP 虚拟专用网络连接到 PPTP VPN 服务器。

【任务实现】

1）架设 PPTP VPN 服务器。

架设 PPTP VPN 服务器前需要安装"网络策略和访问"服务，安装完毕后依次选择"开始"→"Windows 管理程序"→"服务器管理器"→"路由和远程访问"选项，在打开窗口的本地计算机上右击，选择"配置并启用路由和远程访问"命令，如图 11.68 所示。

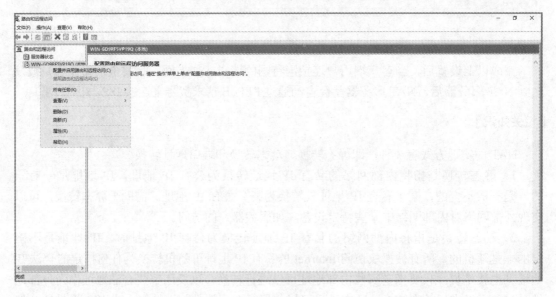

图 11.68

2）在打开的"欢迎使用路由和远程访问服务器安装向导"界面中单击"下一步"按钮。

3）如图 11.69 所示，选中"远程访问（拨号或 VPN）"单选按钮，然后单击"下一步"按钮。

4）如图 11.70 所示，选中"VPN"复选框，然后单击"下一步"按钮。

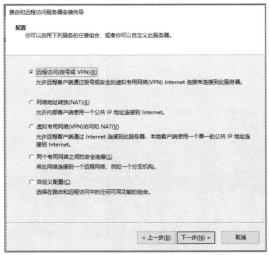
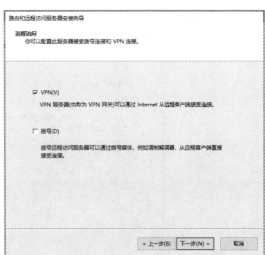

图 11.69   图 11.70

5）如图 11.71 所示，选用外网卡，然后单击"下一步"按钮。

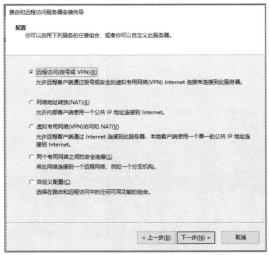

图 11.71

6）如图 11.72 所示有两个选项，"自动"表示 VPN 服务器会先向 DHCP 服务器租用 IP 地址，然后将其分配给客户端（若 VPN 服务器无法从 DHCP 服务器取得 IP 地址，则 VPN 客户端将取得 169.254.x.x 的 IP 地址，不过无法通过此 IP 地址与内部计算机通信）；而"来自一个指定的地址范围"表示设置一个 IP 地址范围，VPN 服务器会从这个范围中挑选 IP 地址给 VPN 客户端，本任务中将选择此选项。完毕后单击"下一步"按钮。

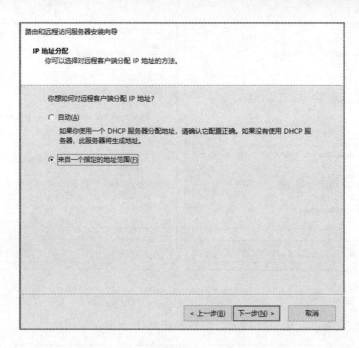

图 11.72

7）如图 11.73 所示，选择新建 IPv4 地址范围，在弹出的对话框中输入分配给客户端的 IP 地址范围，输入完毕后单击"确定"按钮，然后单击"下一步"按钮。

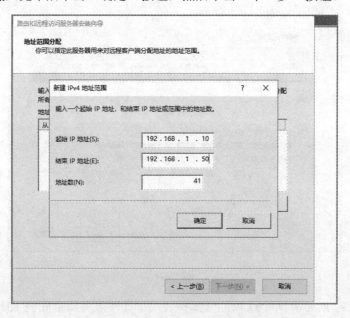

图 11.73

8）在如图 11.74 所示的界面中，选中"否，使用路由和远程访问来对连接请求进行身份验证"单选按钮，然后单击"下一步"按钮。

9）赋予用户远程访问的权限。系统默认的所有用户账号都没有连接 VPN 服务器的权限，因此必须另外开放。在服务器管理器"本地用户和组"的"用户"目录下添加一个 VPN

拨入用户"pptp",添加完成后右击 pptp 用户并选择"属性"命令,在打开的对话框中选择"拨入"选项卡,在"网络访问权限"栏中选中"允许访问"单选按钮,如图 11.75 所示。

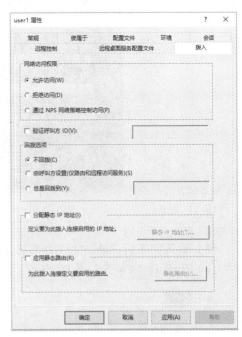

图 11.74　　　　　　　　　　　　　　　　图 11.75

10)VPN 客户端的设置。

在 VPN 客户端(假设是 Windows 10)中选择"开始"→"Windows 设置"→"网络和 Internet"选项,在打开的窗口中单击左侧的 VPN 链接。

11)单击右侧的"添加 VPN 连接"链接。

12)如图 11.76 和图 11.77 所示,输入配置信息。

图 11.76

图 11.77

13）输入完毕后，单击"保存"按钮。

14）如图 11.78 所示，选择"test"，单击"连接"按钮。

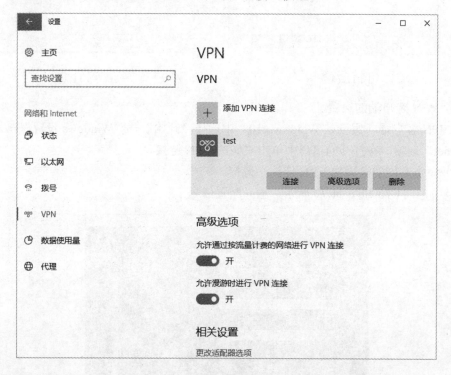

图 11.78

15）如图 11.79 所示，即表示连接成功。

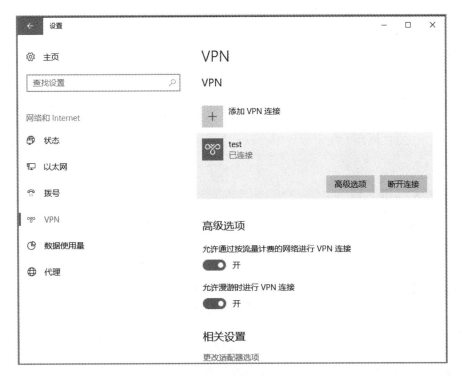

图 11.79

16）如图 11.80 所示为客户端连接 VPN 后访问内网 FTP。

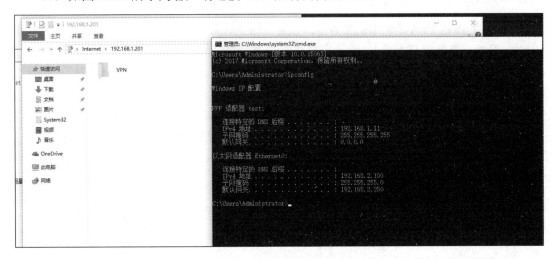

图 11.80

【相关知识】

　　VPN 可以让远程用户通过因特网安全地访问学校和公司内部的网络资源。它让分布在不同地点的网络通过因特网来新建安全的私有隧道，远程用户也可以通过因特网与公司内部网络创建 VPN，让用户能够安全地访问学校和公司网络中的特定资源。

【拓展提高】

一般来说，VPN 有 3 个基本用途：通过 Internet 实现远程用户访问；通过 Internet 实现网络互联；连接企业内部网络计算机。

VPN 通信协议主要有两种，即 PPTP 和 L2TP。PPTP 是点对点协议的扩展，并协调使用 PPP 的身份验证、压缩和加密机制，只有 IP 网络才可以建立 PPTP。L2TP 是基于 RFC 的隧道协议，L2TP 依赖于加密服务 Internet 协议的安全性，也就是 IPSec，主要用于虚拟专用网服务。

项目实训

【实训说明】

1）某公司增加一个加密网站，访问方式为 https:// www.webssl.com。

2）某公司增加一个路由器，将两个不同网段的网络 192.168.1.0/24 和 192.168.2.0/24 联系起来。

3）某公司增加一个 NAT 服务器，公司内部的计算机都通过该服务器访问外网。

4）某公司增加一个 VPN 服务器，可以通过 VPN 联系上该服务器，并访问公司内部网络资源。

【实训要求】

1）建好 DNS 服务器和 IIS 服务器，保证 http://www.webssl.com 能正常访问。然后使用 SSL 网站证书，保证 https://www.webssl.com 能正常访问。

2）4 位学生一组，先设置好两台不同网络的计算机（IP 地址不在同一网段），然后设置路由器，保证两台不同网络的计算机能正常 ping 通。

3）4 位学生一组，先设置好一台外网的计算机，然后设置好两台内网的计算机，然后设置网络地址转换，保证两台内网的计算机能正常访问外网的计算机。

4）4 位学生一组，先设置好一台 PPTP VPN 服务器，其他 3 台计算机能使用 VPN 网络与主机相联系。

项目评价

1）https:// www.webssl.com 能正常访问。

2）两个不同网段的网络 192.168.1.0/24 和 192.168.2.0/24 能正常通信。

3）两台内网的计算机能正常访问外网的计算机。

4）3 台计算机能使用 VPN 网络与 PPTP VPN 服务器相联系。

参 考 文 献

戴有炜，2018. Windows Server 2016 系统配置指南[M]. 北京：清华大学出版社.

戴有炜，2018. Windows Server 2016 网络管理与架站[M]. 北京：清华大学出版社.

LEE T，2019.Windows Server 2019 Automation with PowerShell[M]. 3rd ed. Birmingham: Packt Publishing.

KRAUSE J，2019. Mastering Windows Server 2019[M]. 2nd ed. Birmingham: Packt Publishing.